Erwin Matys
Dienstleistungsmarketing

Erwin Matys

Dienstleistungs-
marketing

Kunden finden, gewinnen und binden –
mit Leitfaden zum Marketingkonzept

REDLINE | VERLAG

Bibliografische Information der Deutschen Nationalbibliothek
Die Deutsche Nationalbibliothek verzeichnet diese Publikation in der Deutschen
Nationalbibliografie.
Detaillierte bibliografische Daten sind im Internet über http://dnb.d-nb.de abrufbar.

Für Fragen und Anregungen:
Matys@redline-verlag.de

3. Auflage 2011

© 2011 by Redline Verlag, ein Imprint der Münchner Verlagsgruppe GmbH,
München,
Nymphenburger Straße 86
D-80636 München
Tel.: 089 651285-0
Fax: 089 652096

Satz: HJR, Jürgen Echter, Landsberg am Lech
Druck: GGP Media GmbH, Pößneck
Printed in Germany

ISBN 978-3-86881-314-2

Weitere Infos zum Thema:

www.redline-verlag.de

Gerne übersenden wir Ihnen unser aktuelles Verlagsprogramm.

Inhaltsverzeichnis

Vorwort zur 3. Auflage

Für die dritte Auflage wurde ich vom Verlag sanft aber bestimmt darauf hingewiesen, dass es doch an der Zeit wäre, in einem Buch wie Dienstleistungsmarketing die Themen Internetmarketing und Social Media aufzunehmen. Nun bin ich nicht gerade der Typ von Autor, der besonders gerne auf die jüngsten Hypes aufspringt. Mir liegt es vielmehr, wirklich Bewährtes zu strukturieren, aufzubereiten und Ihnen als Leser und Nutzer in einer praktisch verwendbaren Form zur Verfügung zu stellen. Dementsprechend wenig begeistert war ich von der Idee, über den Einsatz von meiner Meinung nach völlig überschätzten Mitteln wie zum Beispiel Social Media im Dienstleistungsbereich zu schreiben. Doch je länger ich mich mit dem Gedanken beschäftigt habe, umso reizvoller wurde das Thema für mich. Es sollte doch möglich sein, für den Einsatz von Internetmarketing ein Kapitel zu verfassen, das nicht dem allgemein verbreiteten Hochjubeln folgt und trotzdem bewährte Richtlinien bietet. Erfahrungswerte mit der digitalen Welt hatte ich aus Kundenprojekten mehr als genug, es galt also nur mehr, diese in einer gut verständlichen Form aufzubereiten. So wurde aus meiner ursprünglich verhaltenen Reaktion sehr rasch Begeisterung. Mit dem Ergebnis, das sich in dieser Auflage als fünftes Kapitel wiederfindet, bin ich sehr zufrieden. Ich denke, dass es mir gelungen ist, über eine kritische Betrachtung von Internetmarketing und durch das Aufrollen von weit verbreiteten Irrtümern und Mythen eine echte Arbeitsgrundlage zu schaffen. Besonderes Augenmerk habe ich dabei einem Thema gewidmet, das sehr oft über Erfolg oder Misserfolg von Internetmarketing entscheidet, nämlich der Zusammenarbeit von Dienstleistungsunternehmen mit ihren Webagenturen. Meiner Erfahrung nach kann hier gar nicht genug aufgeklärt werden: Einerseits kann man von Webprofis nicht erwarten, dass sie auch im Dienstleistungsmarketing versiert sind, andererseits neigen sie in ihrer Euphorie manchmal dazu, ihre Auftraggeber zu überfordern. Auftraggeber wieder geben sich gerne der Illusion hin, sie könnten ihr Internetmarketing komplett an eine Webagentur delegieren. In beiden Fällen sind die Ergebnisse enttäuschend. Vielleicht ist es mir in diesem Punkt gelungen, etwas zum Verständnis der gegenseitigen Verpflichtungen beizutragen und klarzumachen, dass zum Ziel führendes Internetmarketing nur in enger Kooperation des jeweiligen Dienstleistungsunternehmens mit seiner Webagentur möglich ist. Insgesamt hoffe ich, dass das neue Kapitel all jenen, die ihren Dienstleistungen mit Hilfe des Internet zu mehr Erfolg verhelfen wollen, einen realistischen und praxisbezogenen Zugang zu dem Thema bietet. Und ich hoffe auch, dass das Lesen dieses Kapitels für Sie ebenso spannend ist, wie für mich das Schreiben sein durfte.

Erwin Matys

Wien, im Sommer 2011

Einleitung

Dienstleistungen im Aufwind

Die zunehmende Dienstleistungsorientierung unserer Wirtschaft ist mehr als eine Eintagsfliege. Während die Industriegesellschaft mit fortschreitender Geschwindigkeit zu einer Informationsgesellschaft mutiert, läuft parallel ein zweiter Prozess ab: Die meisten Unternehmen entwickeln sich zu Dienstleistungsunternehmen.

Einer der wichtigsten Gründe dafür ist, dass sich in den letzten Jahrzehnten das Konsumverhalten drastisch geändert hat – niemand möchte mehr alles selbst erledigen müssen. So ist die Inanspruchnahme von Dienstleistungen heute bereits eine Selbstverständlichkeit. Wohl nicht zuletzt deshalb, da Zeit an sich zu einer Mangelware geworden ist. Um mit der zur Verfügung stehenden Zeit das Auslangen zu finden, besinnen sich Unternehmen auf ihre Kernkompetenzen und lassen vieles extern erledigen. Privatpersonen wiederum neigen dazu, ihre Freizeit zu optimieren, und so werden lästige Tätigkeiten mehr und mehr an Dienstleistungsbetriebe delegiert. Darüber hinaus werden die Dienstleistungen der Vergnügungsindustrie in Anspruch genommen, mit dem Ziel, die knapp bemessene Freizeit möglichst gut zu nutzen. Kurz gesagt, Selbermachen ist out und der Weg in die Dienstleistungsgesellschaft setzt sich mit unvermittelter Geschwindigkeit fort.

Dazu trägt auch der steigende Serviceanteil der gegenständlichen Produkte bei, der die Grenze zwischen dem Sachgüter- und Dienstleistungssektor immer mehr verwischt. Viele Produkte könnten ohne begleitende Serviceleistungen nur mehr schwer am Markt bestehen. Auch Unternehmen, die sich bislang als reine Produktions- oder Handelsbetriebe verstanden haben, entwickeln daher plötzlich in irgendeiner Form ein Dienstleistungsbewusstsein. Die Entstehung dieses Bewusstseins wird durch den Wunsch der Anbieter nach Differenzierung noch weiter begünstigt.

Früher war es sehr gut möglich, über Produkte eine klare Identität zu entwickeln. Mit der zunehmenden Homogenisierung der Angebote und dem daraus folgenden Preiskampf müssen sich die meisten Anbieter auf die Suche nach neuen Wegen zur Differenzierung machen. Und die beste Möglichkeit, sich von den Produkten des Mitbewerbs abzugrenzen, scheinen oft die umlagerten Serviceleistungen zu sein.

Kurzum, als modernes Unternehmen kommt man um die Auseinandersetzung mit Dienstleistungen nicht mehr herum. Das bringt natürlich neue Herausforderungen mit sich. Man denke zum Beispiel an das Spannungsfeld zwischen der Standardisierung und der Individualisierung von Dienstleistungen: Während einerseits gefordert ist, über Standardisierung eine gleich bleibend hohe Qualität zu erzeugen, müssen andererseits die Leistungen oft flexibel an den jeweiligen Kunden angepasst werden. Manchmal ist es nicht leicht, hier den optimalen Mittelweg zu finden. Eine weitere Herausforderung ist das hohe Maß an Vertrauen, das bei jeder neuen Dienstleistung erst erzeugt werden muss. Vor allem bei höherwertigen Dienstleistungen ist es notwendig, lange und konsequent an einem positiven Image und guter Nachrede zu arbeiten. Und nicht zuletzt bringt das Marketing für Dienstleistungsprodukte eine völlig neue Dimension mit sich: Die Leistungserbringer selbst werden zum Bestandteil des Produkts und damit zum Bestandteil des begleitenden Marketings.

Ihr Einstieg ins Dienstleistungsmarketing

Wie bei jedem komplexen Thema drängt sich natürlich die Frage auf: Wo beginnen? Vielleicht stehen Sie ja vor der Aufgabe, eine neue Dienstleistungsabteilung aufzubauen; oder Sie beschäftigen sich gerade mit der Etablierung Ihres Unternehmens; oder Sie suchen ganz einfach nach Möglichkeiten, wie Sie mit Ihren Dienstleistungen mehr Geld verdienen können. In jedem Fall stehen Ihnen mehrere Optionen offen, wie Sie sich dem Thema annähern können:

- Das **Kapitel 1** liefert Ihnen **Marketinggesetze** in gut verdaubaren Portionen, jedes abgerundet durch eine konkrete Anleitung. Die Gesetze sind gegliedert in die drei Bereiche Konzeption, Gestaltung und Bewerbung. Am besten steigen Sie dort ein, wo Ihr Hauptinteresse liegt. So können Sie die Marketinggesetze nach und nach lesen, verarbeiten und in Ihre Arbeitspraxis übernehmen.

- Das **Kapitel 2** bietet einen alternativen Zugang zum Dienstleistungsmarketing. In Form einer strukturierten Anleitung begleitet Sie dieses Kapitel Schritt für Schritt auf dem Weg zu Ihrem Marketingkonzept. Dieser **Leitfaden** kann im Grunde völlig unabhängig von den vorangehenden Abschnitten gelesen werden. Wenn Sie es also eilig haben, zu einem fundierten Marketingkonzept zu kommen, dürfen Sie getrost mitten im Buch mit dem Leitfaden beginnen.

- Eine dritte Einstiegsmöglichkeit bieten Ihnen die **Minutenaufgaben** des **Kapitels 3**. In einer sehr lebendigen Weise laden diese Kurzaufgaben Sie ein, Ihre Dienstleistungen und deren Vermarktung aus neuen Blickwinkeln zu betrachten.

- Mit dem **Kapitel 4** steht Ihnen die Möglichkeit offen, Ihr Vorhaben mit einem **Dienstleistungstest** auf Herz und Nieren zu prüfen. Sie erhalten genaue Hinweise, wie die Chancen Ihrer Dienstleistung stehen und wo Ihr Verbesserungspotenzial liegt. Darüber hinaus liefert Ihnen die Testauswertung gezielte Hinweise, welche Abschnitte des Buches für Ihre Dienstleistung besonders nützlich sind.

- Das **Kapitel 5** gibt Ihnen einen praxisbezogenen Einstieg in das **Internetmarketing** für Ihre Dienstleistungen. In diesem Teil des Buches erfahren Sie, wie Sie einen funktionierenden Web-Mix zusammenstellen, der speziell für Ihre Dienstleistung geeignet ist. Sie finden heraus, welche Grundregeln Sie im Internetmarketing für Dienstleistungen beachten sollten und wie Sie am besten von der Zusammenarbeit mit Webprofis profitieren können.

Wie Sie sehen, lässt sich dieses Buch auf sehr unterschiedliche Arten nutzen – als Einführung oder als Anleitung, als Kurzlektüre oder als Arbeitsmittel. Wie auch immer Sie es lesen möchten, eines werden Sie bestimmt feststellen: Der Nutzen aus dieser Lektüre besteht in weit mehr als darin, Kenntnisse im Dienstleistungsmarketing zu erwerben. Denn die einzelnen Gesetze, Kapitel, Abschnitte, Aufgaben und Anleitungen halten eine Vielzahl von Perspektivenwechseln bereit. Je mehr davon Sie nachvollziehen, desto mehr werden Sie es sich zur Gewohnheit machen, zwischen unterschiedlichen Betrachtungsweisen zu wechseln. Ohne sich besonders anstrengen zu müssen, vermehren Sie damit Ihre Handlungsmöglichkeiten. Mit der Zeit können Sie gar nicht umhin, in Ihrem Geschäftsleben genau jene Optionen wahrzunehmen, die zum anhaltenden Erfolg Ihrer Unternehmungen führen.

1. Marketinggesetze in der Praxis

1.1 Konzeption von Dienstleistungen

Dienstleistungen unterscheiden sich beträchtlich von Waren und Gütern.

Grundsätzlich wird im Marketing davon ausgegangen, dass Dienstleistungen – genauso wie Waren und Güter – Produkte sind. Obwohl diese Verallgemeinerung in gewisser Weise ihre Gültigkeit hat, unterschlägt sie doch eine ganz wichtige Realität. Lassen Sie uns zu diesem Zweck einfach zwei Produkte vergleichen, die jeder von uns in letzter Zeit erworben haben könnte: einen Personalcomputer und eine Urlaubsreise. Lassen Sie uns weiter annehmen, die Kosten für beide Produkte wären in einem vergleichbaren Rahmen gelegen und der Erwerb würde schon eine Zeitlang zurückliegen. Wenn Sie nun versuchen, diese beiden Produkte zu vergleichen, so werden Sie sich fragen, was Sie denn nun wirklich vergleichen können. Denn während der Personalcomputer nach wie vor in Ihrer Wohnung steht, Sie ihn jederzeit in Betrieb nehmen können und Sie ihn buchstäblich „besitzen", ist von Ihrer Ferienreise nichts Greifbares übrig geblieben. Vielleicht haben Sie noch ein paar Fotos und hoffentlich ein paar schöne Erinnerungen, aber das Produkt selbst ist unwiederbringlich aufgebraucht, einfach vergangen. Und genau das zeigt einen der wichtigsten Unterschiede von Dienstleistungen und gegenständlichen Produkten: *Dienstleistungen sind nicht greifbar.* Sie bedingen vielleicht ein gegenständliches Ergebnis (wie zum Beispiel die Urlaubsfotos) oder sind mit einem gegenständlichen Produkt verbunden (wie Ihrem Auto, das Sie zum Service stellen). Die Leistung selbst, für die bezahlt wird, ist aber nicht greifbar.

Aus diesem Mangel an Gegenständlichkeit (der so genannten Immaterialität) leitet sich eine zweite wichtige Eigenschaft von Dienstleistungen ab: *Dienstleistungen sind nicht lagerfähig.* Wie Sie über kurz oder lang feststellen werden, hat das für Sie als Dienstleistungsanbieter eine wichtige Konsequenz: Sie können nicht auf Vorrat produzieren. Mit anderen Worten, Sie können nicht einen Wert in Form eines Objekts herstellen, den Sie zu einem späteren Zeitpunkt in Geld eintauschen. Der Wert Ihrer Dienstleistung besteht nur während der Erbringung. Sie sind daher gezwungen, den Einsatz Ihrer Ressourcen sehr sorgfältig zu planen.

Die dritte Eigenschaft, die Dienstleistungen von gegenständlichen Produkten abhebt, ergibt sich ebenfalls aus ihrer Natur: *Dienstleistungen haben einen starken Personenbezug.* Denn Dienstleistungen werden von Menschen erbracht. Sie sind daher oft untrennbar mit den Personen verbunden, die sie durchführen. Während ein Anbieter gegenständlicher Produkte an der Qualität z.B. seiner Autos, Computer oder Lebensmittel arbeiten muss, ist es für Dienstleistungsanbieter notwendig, beständig an der Qualifikation ihrer Mitarbeiter zu feilen.

In den drei hier angeführten Besonderheiten von Dienstleistungen liegt der wesentliche Unterschied gegenüber Waren und Gütern. Je mehr Sie sich mit diesen Besonderheiten beschäftigen, umso mehr werden Ihnen die Konsequenzen für den Erfolg Ihres eigenen Dienstleistungsangebots klar werden. Nehmen Sie sich also die Zeit, das Wesen von Dienstleistungen besser zu verstehen, und Ihre Möglichkeiten werden von Tag zu Tag zunehmen.

Anwendung:

1 **Gegenständlich machen.** Dienstleistungen sind, im Gegensatz zu konkreten Produkten, nicht „angreifbar". Das heißt, dass Ihre Kunden vor dem Kauf nur sehr schwer beurteilen können, was sie für ihr Geld bekommen werden. Für Sie als Anbieter bedeutet das, dass Sie Ihre Anstrengungen darauf richten müssen, Ihr Angebot und die damit verbundenen Versprechen für Ihre Kunden glaubhaft zu machen. Auf dem besten Weg werden Sie sein, wenn Sie Ihren Kunden dabei helfen, eine konkrete Vorstellung zu entwickeln. Das kann zum Beispiel dadurch geschehen, dass Sie Ihre Dienstleistungen und deren Nutzen bildlich beschreiben, Beispiele und Referenzen anführen oder

Ihren Kunden Ergebnisse zur Beurteilung zur Verfügung stellen. Alles, was Sie Ihrem zukünftigen Auftraggeber buchstäblich „in die Hand" geben können, hilft – da es der fehlenden Gegenständlichkeit entgegenwirkt.

2 **Auslastung planen.** Da Dienstleistungen nicht in Dosen oder Kisten vorkommen, sind sie auch nicht lagerfähig. Diese Eigenschaft ist ein Hinweis auf die Beschränkungen, denen Sie als Dienstleistungsanbieter unterliegen. Einerseits müssen Sie eine bestimmte Kapazität (Personal, Räumlichkeiten und Ausrüstung) ständig verfügbar halten. Anderseits unterliegt die Inanspruchnahme durch Ihre Kunden starken Schwankungen. Eine wichtige Marketing- und Vertriebsaufgabe rund um Ihre Dienstleistungen besteht also darin, für eine möglichst gleichmäßige Auslastung zu sorgen und somit die vorhandene Kapazität optimal zu nutzen. Die fehlende Lagerfähigkeit ist übrigens auch einer der Gründe, warum Dienstleistungen selten über Vertriebskanäle abgesetzt werden. Da sie nicht physisch weitergegeben werden können, gestalten und verkaufen die meisten Unternehmen ihre eigene Dienstleistungspalette.

3 **Mitarbeiter einbeziehen.** Dienstleistungen werden von Menschen erbracht. Sie sind untrennbar mit den Personen verbunden, die sie erbringen. Dieses Merkmal zeigt auf, dass Ihr Erfolg als Dienstleistungsanbieter in hohem Maß vom Einsatz und der Kompetenz Ihrer Mitarbeiter bestimmt wird. Im Extremfall reicht diese Verknüpfung bis zur Abhängigkeit des Anbieters von einzelnen hochkarätigen Spezialisten. Mit strengen Vorgaben und autoritärem Führungsstil werden Sie diese Situation nicht in den Griff bekommen. Motivation, Vertrauen und Weitblick der Mitarbeiter – alles Eigenschaften, die für eine starke Kundenorientierung notwendig sind – lassen sich nur auf einem Weg erreichen: durch intensives Einbeziehen in die Entwicklung und Gestaltung des Dienstleistungsangebots.

Ihre Kunden kaufen keine Dienstleistungen, sondern die Befriedigung von Bedürfnissen.

Wann haben Sie Ihren letzten größeren Einkauf getätigt? War es ein Fernseher, ein Auto, ein Personalcomputer oder etwas anderes Vergleichbares? Versetzen Sie sich einfach nochmals in die Zeit kurz vor dem Einkauf. Lassen Sie die Gedanken aufleben, die Sie damals beschäftigt haben. Vielleicht können Sie sich auch an die dazugehörigen Gefühle erinnern. Und dann fragen Sie sich, was Sie wirklich dazu gebracht hat, Ihren Einkauf durchzuführen. Welche inneren Beweggründe haben Ihnen Antrieb gegeben?

Wie Sie möglicherweise feststellen, haben Sie in Wahrheit die Befriedigung eines Bedürfnisses gekauft. Denn auch Sie sind kein Roboter und auch Sie kaufen keine bloßen Gegenstände. Ihr Einkauf sollte Ihnen vielleicht mehr Sicherheit geben oder ein bequemeres Leben verschaffen, möglicherweise Ihre persönlichen Wertvorstellungen untermauern oder Ihnen zu Gewinn verhelfen, vielleicht Ihre Gesundheit erhalten oder Ihnen mehr soziale Kontakte ermöglichen. Alle diese Bedürfnisse sind ständig in uns vorhanden – sie machen einen wesentlichen Bestandteil unserer menschlichen Identität aus. Wenn eines dieser Bedürfnisse als so dringend empfunden wird, dass es eine Handlung nach sich zieht, wird es plötzlich zu einem Kaufmotiv. Was in Folge bedeutet, dass wir aktiv werden. Wir sehen uns in Auslagen und Prospekten um, befragen Freunde und Bekannte und nehmen Kontakt mit Anbietern auf. Wenn der Anbieter unser Motiv versteht und in der Lage ist, es befriedigend abzudecken, kommt es mit hoher Wahrscheinlichkeit zu einem Kauf.

Hinter einem Kauf stehen also immer persönliche Gründe. Das gilt nicht nur für gegenständliche Produkte, sondern genauso für Dienstleistungsprodukte. Zwar stehen bei Verhandlungen die sachlichen Argumente meistens im Vordergrund. Das sollte Sie aber nicht darüber hinweg täuschen, dass Kaufentscheidungen immer von Menschen getroffen werden, die auf Basis persönlicher Motive handeln. Als Anbieter sollten Sie daher stets wissen, welches Motiv Sie mit Ihrer Leistung ansprechen. Wenn sich also zum Beispiel herausstellt, dass eine bestimmte Dienstleistung in erster Linie aus Gründen der Rationalisierung gekauft wird, werden Sie auf Kostenersparnis (das ist eine Form des Gewinnmotivs) setzen. Wenn bei der Kaufentscheidung Ihrer Kunden Sicherheit eine zentrale Rolle spielt, dann werden Sie dieses Bedürfnis in den Vordergrund stellen. Wenn Ihre Dienstleistung große Arbeitserleichterung bringt, wird Bequemlichkeit das wichtigste Kaufmotiv darstellen.

Werden Sie sich darüber klar, welches das stärkste Kaufmotiv für Ihre Dienstleistung ist. Bauen Sie Ihre gesamte Marktkommunikation darauf auf, dieses eine Motiv gezielt und immer wieder anzusprechen. Das wird dazu führen, dass sich Ihre Werbung, Ihre Öffentlichkeitsarbeit und Ihr Verkauf stets an dasselbe menschliche Bedürfnis richten. Und Ihre Marktkommunikation wird wie von selbst wesentlich zielgerichteter sein.

Anwendung:

1 **Nutzen feststellen.** Klären Sie vorab, welchen rationalen Nutzen Ihre Leistung stiftet. Falls das nicht ohnehin auf der Hand liegt, können Sie sich einfach die Frage stellen: Was wird durch meine Dienstleistung für einen Kunden möglich, was für ihn sonst nicht möglich wäre?

2 **Bedürfnisse ermitteln.** Ausgehend vom rationalen Nutzen überlegen Sie, welche menschlichen Bedürfnisse von diesem Nutzen abgedeckt werden können. Einige mögliche Beispiele sind Sicherheit, Gewinn (bzw. Kostenersparnis), Arbeitserleichterung, Betonung des Selbstwerts, Gesundheit usw. Versetzen Sie sich dabei in die Lage Ihrer Kaufentscheider – das wird Ihnen helfen, alle mit Ihrem Angebot adressierbaren Bedürfnisse zu finden.

3 **Zentrales Motiv auswählen.** Theoretisch können alle diese Bedürfnisse, wenn sie stark genug werden, abwechselnd zum Kaufmotiv für Ihre Leistung werden. Entscheidend ist aber, dass Sie für Ihre Marktkommunikation unter den möglichen Motiven das wichtigste auswählen. Das wichtigste Bedürfnis ist jenes, das bei Ihren Kunden am häufigsten in den Kauf Ihrer Leistung mündet und damit zum Kaufmotiv wird. Legen Sie dieses eine zentrale Kaufmotiv fest. Der Versuchung, mehrere Kaufmotive

auszuwählen, ist in jedem Fall zu widerstehen – es würde Ihre Marktkommunikation verwässern.

4 **Marktkommunikation ausrichten.** Machen Sie das wichtigste Kaufmotiv Ihrer Leistung zum Grundstein Ihrer Marktkommunikation. Gehen Sie dazu (gegebenenfalls gemeinsam mit Ihrer Werbeagentur) alle Mittel Ihrer Marktkommunikation durch. Überprüfen Sie Broschüren, Displays, TV- oder Radiospots, Anzeigen, Pressemitteilungen, Präsentationen im Internet usw., ob sie Ihr wichtigstes Kaufmotiv gezielt ansprechen. Sollte das nicht der Fall sein, stellen Sie sicher, dass die betreffenden Kommunikationsmittel dahingehend modifiziert werden.

Je klarer Sie die Ziele für Ihre Dienstleistungen definiert haben, umso mehr Orientierung und Motivation haben Sie und Ihre Mitarbeiter.

Empirische Untersuchungen haben ergeben, dass bei Versicherungen eine Verringerung der Kundenabwanderungsrate um 5 Prozent eine Gewinnsteigerung um durchschnittlich 50 Prozent bewirkt. Bei Kreditkartenunternehmen macht die entsprechende Gewinnsteigerung sogar 75 Prozent (!) aus, bei Softwarehäusern immerhin 35 Prozent. Dieser Gewinn setzt sich aus verschiedenen Größen zusammen – dem Grundgewinn, dem Gewinn aus erhöhter Kauffrequenz, dem Gewinn aus gestiegenen Rechnungsbeträgen, dem Gewinn aufgrund geringerer Betriebskosten, dem Gewinn durch Weiterempfehlungen und dem Gewinn aus Preiserhöhungen.

Manche Ziele können also durchaus bescheiden wirken und trotzdem drastische Auswirkungen auf die eigene Gewinnsituation und Marktposition haben. Was meinen Sie – wären zehn oder zwanzig Prozent Gewinnsteigerung es nicht wert, ein paar Ziele zu definieren?

Wenn Sie diese Fakten noch nicht überzeugen, dann halten Sie sich vor Augen, welch klare Ausrichtung Ziele in Ihre Organisation bringen. Sie haben eine stark motivierende Funktion, da alle Mitarbeiter eine gute Vorstellung davon haben, wohin sich Ihr Unternehmen entwickeln soll. Ziele erfüllen auch eine Koordinationsfunktion, die gerade für Dienstleistungsunternehmen äußerst wichtig ist. Und genau diese koordinierende Wirkung stellt sicher, dass alle Ihre Mitarbeiter beim Kunden am selben Strang ziehen. Und schließlich kommt Zielen auch noch eine Kontrollfunktion zu: Der laufende Vergleich Ihres geplanten Zustandes mit dem tatsächlich erreichten Zustand stellt eine kontinuierliche Überprüfung Ihrer Vorgangsweise sicher.

Aber Vorsicht, nicht alle Ziele sind gleich wirkungsvoll. Gut formulierte Ziele orientieren sich an ein paar allgemein gültigen Richtlinien. Ein wichtiges Schlagwort in diesem Zusammenhang ist die *„Operationalität"* der Ziele. Es bedeutet, dass Sie Ihre Ziele so formulieren, dass sie von allen Betroffenen verstanden und in die

Praxis umgesetzt werden können. Dazu sollten die folgenden Kriterien genügen:

- *Ziele müssen unbedingt überprüfbar sein.* Ein Ziel, das so formuliert ist, dass sich nicht feststellen lässt, ob es erfüllt wurde, ist kein Ziel.
- *Ziele müssen zeitbezogen sein.* Wenn in einem Ziel kein Zeitpunkt für seine Erreichung enthalten ist, bleibt es ein unverbindliches Vorhaben.
- *Ziele müssen erreichbar sein.* Ein Fantasieziel, das niemals wirklich erreicht werden kann, ist demotivierend und damit kontraproduktiv.
- *Ziele sollten aber auch herausfordernd sein.* Ein Ziel, das sich praktisch von selbst erreicht, wirkt ebenfalls demotivierend.

Gehen Sie bei Ihren Zielformulierungen am besten so vor, dass Sie in einem ersten Schritt den gewünschten Zustand ganz allgemein und frei weg von der Leber beschreiben. Machen Sie sich anschließend auf die Suche nach überprüfbaren Parametern, die diesen Sollzustand mit „hard facts" beschreiben. Daraus und aus einem zugeordneten Zeithorizont können Sie Ziele ableiten, die den oben genannten Kriterien genügen. Sie werden Ihren Mitarbeitern damit genau die Orientierungshilfe geben, die sie brauchen, um effizient in Ihrem Sinn zu arbeiten.

Anwendung:

1 **Vorhandene Ziele sichten.** Verschaffen Sie sich als erstes einen Überblick, welche Ziele Sie rund um Ihre Dienstleistungen bereits definiert haben. Vielleicht sind Ihre Ziele nicht niedergeschrieben, vielleicht sind sie auch auf unterschiedliche Unterlagen (Businessplan, Kommunikationsplan, Marketingplan etc.) verteilt.

2 **Ziele konsolidieren.** Gehen Sie anschließend daran, Ihre Ziele zu konsolidieren. Orientieren Sie sich dabei an folgenden Fragen:

- *Welche Stellung soll das Unternehmen am Markt erreichen?*
  Mit dieser Frage sind die Marktstellungsziele zusammengefasst. Überprüfbare Parameter, die bei der Formulierung von
  konkreten Zielen verwendet werden können, sind zum
  Beispiel Umsatz, Marktanteil oder Marktgeltung des Unternehmens.
- *Welche finanziellen Ergebnisse sollen erzielt werden?*
  Diese Frage bezieht sich auf die Rentabilität und die finanzielle Lage des Dienstleistungszweiges. Größen, die in die
  Definition von Zielen eingehen können, sind zum Beispiel
  der Gewinn, die Umsatzrentabilität, der Return on Invest-
  ment, die Liquidität oder die Kreditwürdigkeit.
- *Welches Bild soll im Markt erzielt werden?*
  Darunter ist zu verstehen, welche Einstellungen gegenüber
  dem Anbieter angestrebt werden. Einige überprüfbare Größen für die Formulierung von konkreten Zielen sind: Bekanntheitsgrad, Zufriedenheit, Präferenz, Kundenbindung,
  Image usw. Um diese Größen (und damit die verbundenen
  Ziele) zu überprüfen, sind allerdings meist kostspieligere
  Erhebungen notwendig.
- *Welche sozialen Ziele sollen erreicht werden?*
  Durch die hohe Abhängigkeit eines Dienstleistungsunternehmens von qualifiziertem Personal kommt dieser Frage
  besondere Bedeutung zu. Nur wenn soziale Ziele verfolgt
  werden, kann das notwendige Maß an Mitarbeiterbindung
  erreicht werden. Die sozialen Ziele können sich auf Größen
  wie Mitarbeiterzufriedenheit, Einkommens- und Arbeits-
  platzsicherung beziehen.

3 **Ziele kommunizieren.** Stellen Sie sicher, dass alle Betroffenen
Ihre nun definierten Dienstleistungsziele kennen. Ihre Mitarbeiter, Partner oder Kollegen erhalten damit eine wichtige Orientierungshilfe.

Je genauer Sie wissen, wer Ihre Leistungen kaufen soll, umso größer sind Ihre Chancen auf Erfolg.

Nichts ist für alle Menschen gleich interessant. Die einen essen gerne Gemüse, die anderen bevorzugen Fleisch. Manche verbringen ihre Freizeit am liebsten alleine, andere lieben es, viele Menschen um sich zu haben. Die einen gehen in ihrem Job auf, andere bringen am liebsten ihren Dienst schnell hinter sich. Die Liste ließe sich beliebig fortsetzen, denn nichts ist so bunt und so vielfältig wie die Bedürfnisse der Menschen. Geprägt werden diese unterschiedlichen Bedürfnisse von vielen Faktoren – dem sozialen und kulturellen Umfeld, individualpsychologischen Größen, Erziehung und unter anderem auch von den Rollen, die Menschen im privaten oder beruflichen Kontext einnehmen. Ein und dieselbe Person kann zum Beispiel als Familienvater ganz andere Bedürfnisse haben als in der beruflichen Rolle als Einkaufsleiter. Es gilt aber auch, dass zum Beispiel alle Familienväter bzw. alle Einkaufsleiter innerhalb ihrer Rolle recht ähnliche Bedürfnisse haben. Und genau damit ist Ihnen die Möglichkeit an die Hand gegeben, Ihre Dienstleistungen sehr gezielt an den Mann oder an die Frau zu bringen. Vorausgesetzt Sie wissen, welches menschliche Bedürfnis von Ihrer Dienstleistung am besten abgedeckt wird, brauchen Sie nur mehr jene Personengruppe auszuwählen, bei der dieses Bedürfnis stark ausgeprägt ist. Und genau diese Gruppe machen Sie zu Ihrer Zielgruppe.

Das ist im Grunde genau so einfach wie es klingt – sofern Sie ein paar grundlegende Bedingungen einhalten, denen jede sinnvolle Zielgruppendefinition folgt:

*   *Ihre Zielgruppe ist eine Gruppe von Menschen:* Auch wenn Ihre Zielgruppe einem Organisationsmarkt entspringt und nicht aus Privatpersonen besteht, wird sie von Menschen und niemals von Unternehmen gebildet. Eine Zielgruppendefinition, die zum Beispiel beginnt mit: „Unsere Zielgruppe sind alle Unternehmen, die …", würde das Wichtigste auslassen: die Menschen, die Sie erreichen und überzeugen wollen.

- *Ihre Zielgruppe ist homogen:* Obwohl Zielgruppen aus Menschen bestehen, von denen keiner dem anderen gleicht, sollten die Mitglieder von Ihrer Dienstleistung auf ähnliche Weise profitieren. Indem sie zum Beispiel alle einen hohen Nutzen von Ihrer Leistung haben bzw. mit Ihrer Leistung ein ganz bestimmtes Bedürfnis abdecken. Gruppen, die unterschiedliche Bedürfnisse mit Ihrer Leistung befriedigen, gehören nicht in dieselbe Zielgruppe. In solchen Fällen haben Sie zwei oder mehrere Zielgruppen.

- *Ihre Zielgruppe wird aktiv bearbeitet:* Wie der Name schon sagt, verfolgen Sie mit einer Zielgruppe ein Ziel, nämlich sich diese Gruppe für Austauschprozesse zu erschließen. Wenn Sie feststellen, dass Sie eine Zielgruppe nicht vollständig und aktiv bearbeiten können oder wollen, dann ist das nicht Ihre Zielgruppe, sondern lediglich ein Segment potenzieller Abnehmer. Revidieren Sie in solchen Fällen Ihre Zielgruppenbeschreibung, bis sie das Attribut „wird aktiv bearbeitet" verdient.

Bei Ihrer Zielgruppendefinition geht es also darum, eine Gruppe von Menschen zu finden, von der Sie annehmen, dass sie hinsichtlich Ihres Angebots ähnlich reagiert, und die Sie auch aktiv erreichen können. Wenn Sie den Kundennutzen Ihrer eigenen Leistung erkannt haben, wird Ihnen das relativ leicht fallen. Ihr persönlicher Profit daran ist, dass Sie wesentlich schneller wesentlich mehr verkaufen werden, wenn Sie Ihre Zielgruppe eindeutig festgelegt haben.

Anwendung:

1 **Mögliche Zielgruppen festlegen.** Überlegen Sie, welche möglichen Zielgruppen für Ihr Angebot in Frage kommen. Schreiben Sie alle Möglichkeiten nieder, die Ihnen in den Sinn kommen.

2 **Zielgruppen überprüfen.** Stellen Sie mit Hilfe der folgenden Fragen fest, ob es sich bei Ihren Zielgruppen tatsächlich um solche handelt:
   – Legt Ihre Zielgruppendefinition einen Personenkreis fest?

- Ist dieser Personenkreis mit Mitteln der Marktkommunikation zu erreichen?
- Können Sie die Größe Ihrer Zielgruppe bestimmen?
- Ist Ihre Zielgruppe homogen, das heißt, werden die Mitglieder hinsichtlich Ihres Angebots ähnlich oder gleich reagieren?
- Liegt es innerhalb Ihrer Möglichkeiten, diesen Personenkreis aktiv und konsequent zu bearbeiten?

3 **Zielgruppen variieren.** Verändern Sie die Definitionen Ihrer Zielgruppen, bis sie den oben angeführten Kriterien entsprechen.

Die Auswahl der richtigen Zielgruppen ist entscheidend für den Erfolg Ihres Angebots.

Wenn Sie dieser Tage eine neue Ausbildung für Ihren weiteren beruflichen Werdegang wählen könnten, woran würden Sie sich orientieren? Sie würden sich vielleicht überlegen, was Sie interessiert oder wo Ihre persönlichen Stärken liegen. Möglicherweise würden Sie die anschließenden Berufschancen einbeziehen, die Dauer der Ausbildung und deren Kosten. Darüber hinaus könnten Sie zum Beispiel über das Umfeld nachdenken, in dem Sie lernen würden, sowie über viele andere Einflüsse. Fest steht eines: ein weitblickender Mensch wird eine so wichtige Entscheidung nicht auf einen einzigen Faktor stützen. Eine falsche Entscheidung hätte einfach zu große Konsequenzen – entweder Sie müssten später neu beginnen oder Ihr Vorhaben ganz aufgeben.

Genauso umsichtig wie bei persönlichen Angelegenheiten sollten Sie bei allen grundlegenden Marketingentscheidungen vorgehen. Dabei darf Ihre Entscheidung für eine bestimmte Zielgruppe als eine der wichtigsten gelten. Das Geheimnis liegt dabei in dem Begriff *„Attraktivität"*. Wie attraktiv eine Zielgruppe für Sie tatsächlich ist, wird nämlich nicht nur von einem, sondern von einer ganzen Reihe von Faktoren bestimmt. Um herauszufinden, welche Zielgruppe(n) Ihnen am meisten bringt (bringen), untersuchen Sie einfach für jede mögliche Zielgruppe alle folgenden Punkte:

- *Größe:* Wie groß ist die Gruppe, die Sie mit Ihrem Angebot ansprechen möchten? Hat die Zielgruppe überhaupt ausreichend Mitglieder, damit Sie mit dem geplanten Angebot wirtschaftlichen Erfolg verbuchen können?
- *Erreichbarkeit:* Wie leicht sind die Mitglieder der Zielgruppe mit Marketingmaßnahmen erreichbar? Gibt es bereits Adressmaterial und bestehen zu der Zielgruppe vielleicht sogar schon Vertriebskanäle, die Sie nutzen können?
- *Mitbewerb:* Wie stark ist die Präsenz des Mitbewerbs bei der Zielgruppe? Wie hoch sind seine Marktanteile? Hätten Sie als neuer Anbieter realistische Chancen bei dieser Zielgruppe?

- *Kaufbereitschaft:* Wie rasch würde Ihr Angebot von den Mitgliedern dieser Zielgruppe angenommen werden? Gibt es einen starken Bedarf? Bietet Ihr Angebot hohen Nutzen, schnelle Vorteile für die Zielgruppe?
- *Wirtschaftliche Situation:* Wie ist die wirtschaftliche Situation und damit die Investitionsbereitschaft der Zielgruppe? Ist abzusehen, ob die Mitglieder der Zielgruppe für Ihr Angebot überhaupt Geld ausgeben können oder wollen?
- *Abnehmerbindungen:* Verfügt Ihr Unternehmen über bereits bestehende Abnehmerbindungen zu der Zielgruppe, die eine Einführung des neuen Angebots erleichtern könnten?
- *Strategische Bedeutung:* Wäre die Erschließung der Zielgruppe für Ihr Unternehmen aus anderen strategischen Gründen von großer Bedeutung?

Bedenken Sie also bei der Auswahl einer Zielgruppe nicht nur die Frage, ob Ihr Angebot bei dieser Gruppe auf Interesse stoßen würde. Gehen Sie gründlich vor und beziehen Sie alle Faktoren ein, die einen Einfluss auf Ihr wirtschaftliches Ergebnis haben werden. Die Auswahl Ihrer Zielgruppe(n) ist eine so wichtige Grundsatzentscheidung, dass Sie nichts dem Zufall überlassen sollten.

Anwendung:

1 **Mögliche Zielgruppen festlegen.** Falls Sie das noch nicht getan haben, überlegen Sie jetzt, welche möglichen Zielgruppen für Ihr Angebot in Frage kommen. Schreiben Sie alle Möglichkeiten nieder, die Ihnen in den Sinn kommen. Achten Sie dabei darauf, dass Sie Personenkreise auswählen, die wirklich existieren.

2 **Attraktivität bestimmen.** Finden Sie anschließend heraus, wie attraktiv die verschiedenen Zielgruppen für Sie sind. Dazu hinterfragen Sie am besten für jede mögliche Zielgruppe die folgenden Punkte:
   - *Größe:* Wie viele Mitglieder hat diese Zielgruppe? (Anzahl)
   - *Erreichbarkeit:* Wie leicht sind die Mitglieder der Zielgruppe zu erreichen? (gut/aufwändig/schlecht)

- *Mitbewerb:* Wie präsent ist der Mitbewerb bei dieser Zielgruppe? (wenig/mittel/stark)
- *Kaufbereitschaft:* Wie hoch ist die Bereitschaft der Mitglieder zum Kauf Ihrer Leistung? (gering/mittel/hoch)
- *Wirtschaftliche Situation:* Wie gut geht es der Zielgruppe? (schlecht/mittel/gut)
- *Abnehmerbindungen:* Wie viel Geschäft machen Sie bereits mit dieser Zielgruppe? (wenig/mittel/viel)
- *Strategische Bedeutung:* Wie wichtig ist diese Zielgruppe für Ihr Unternehmen? (gering/mittel/hoch)

3 **Attraktivität vergleichen.** Vergleichen Sie die Ergebnisse, die Sie für die verschiedenen möglichen Zielgruppen erhalten haben. Manche werden vielleicht groß, aber schlecht erreichbar sein. Andere werden möglicherweise eine hohe Kaufbereitschaft haben, aber bereits stark vom Mitbewerb umworben sein. Kurz und gut, Sie werden feststellen, dass es die ideale Zielgruppe nur sehr selten gibt. Es gilt also, das Für und Wider abzuwägen und die beste(n) aller Möglichkeiten zu finden.

4 **Zielgruppen auswählen.** Benützen Sie Ihre neue Übersicht, um die für Sie und Ihr Unternehmen attraktivste(n) Zielgruppe(n) auszuwählen.

Je präziser Sie Ihr Marketing an Ihrer Zielgruppe und deren Umfeld orientieren, umso wirkungsvoller ist es.

Egal ob Sie sich selbst mit der Jagd beschäftigen oder nicht, eines wissen Sie bestimmt darüber: Erfolgreiche Jäger kennen ihre Beute. Sie beschäftigen sich eingehend mit den Tieren, denen sie nachstellen. Sie kennen ihre Gewohnheiten, wissen, wann sie Futter suchen, wann sie ruhen und wo sie nisten. Sie wissen, was sie gerne fressen, wo sie schlafen und wo ihre Wasserstellen liegen. Sie kennen die größten Gelüste und die tiefsten Ängste ihrer Beute. Wissen dieser Art werden auch Sie brauchen, wenn Sie eine Zielgruppe mit den Mitteln des Marketing wirklich erfolgreich bearbeiten möchten. Nur Ihr Ziel ist dabei ein anderes: Sie möchten Ihre Beute nicht erlegen, sondern erreichen, dass sie Ihre Leistungen kauft.

Dazu müssen Sie genauso wie jeder andere Jäger wissen, wovon die Bedürfnisse Ihrer Zielgruppe bestimmt werden. Und das lässt sich nur erreichen, wenn Sie das Umfeld Ihrer Zielgruppe kennen. Nehmen wir zum Beispiel an, Ihre Zielgruppe wären die Mitglieder einer bestimmten Branche, wie eines Handels- oder Industriezweigs. Ein Umfeldfaktor, der das Kaufverhalten Ihrer Zielgruppe dann bestimmen wird, ist deren Auftragslage – sie definiert letztendlich ihre Investitionsbereitschaft. Ein anderes Beispiel stellen gesetzliche Änderungen dar. Wenn Ihre Zielgruppe plötzlich neuen gesetzlichen Auflagen unterliegt, kann das für Sie als Anbieter sowohl Gefahren als auch neue Chancen mit sich bringen.

Wenn Sie solche Chancen nützen möchten, bedienen Sie sich am besten des folgenden Modells der *Umfeldfaktoren*:

- Das *wirtschaftliche Umfeld* enthält alle Faktoren, welche die Kaufkraft und die Investitionsbereitschaft Ihrer Zielgruppe beeinflussen. Sie sollten vor allem wissen, wie es um Ihre Zielgruppe zurzeit finanziell bestellt ist und welche Änderungen in den nächsten Jahren zu erwarten sind.
- Das *soziale Umfeld* beschreibt, welche Bezugsgruppen auf Ihre Zielgruppe Einfluss nehmen. Das ist insofern bedeutsam, da diese Bezugsgruppen zumindest indirekt auch Kaufentscheidungen Ihrer Zielgruppe mitbestimmen.

- Das *technologische Umfeld* fasst den Umgang Ihrer Zielgruppe mit Technologie zusammen. Es beschreibt, welche Technologien Ihrer Zielgruppe zur Verfügung stehen und welche Technologien sie aktiv nützt. Das technologische Umfeld liefert auch viele Indikatoren für die Annahmebereitschaft neuer Technologien.

- Das *politisch/rechtliche Umfeld* fasst Gesetze, Behörden und Interessengruppen zusammen, die auf Ihre Zielgruppe Einfluss nehmen. In diesem Bereich ist der gesetzliche Rahmen definiert, innerhalb dessen sich Ihre Zielgruppe bewegen kann. Er beschreibt, welche Aktivitäten Ihrer Zielgruppe erlaubt sind, welche unterbunden oder welche gefördert werden. Auch die vielen kleinen gesetzlichen Auflagen liefern oft Hinweise auf Absatzchancen.

- Das *kulturelle Umfeld* schließlich wird von der Kultur und den Subkulturen gebildet, welche die Grundwerte und Anschauungen Ihrer Zielgruppe bestimmen.

Nützen Sie dieses Modell, um einen Steckbrief Ihrer Zielgruppe zu erstellen. Beschreiben Sie damit genau, welchen Einflüssen Ihre Abnehmer ausgesetzt sind. Beziehen Sie Ihr so gewonnenes Wissen in Ihre Marketingplanung, in Ihr Angebot und in Ihre Marktkommunikation ein. Das wird dazu führen, dass Sie mit demselben Aufwand derselben Zielgruppe wesentlich mehr verkaufen.

Anwendung:

1 **Zielgruppe festlegen.** Falls Sie das bis jetzt noch nicht getan haben, legen Sie jetzt eindeutig fest, wen Sie mit Ihrer Leistung ansprechen. Bedenken Sie dabei, dass eine Zielgruppe immer so definiert sein muss, dass sie eine Gruppe von Personen darstellt, deren Größe Sie kennen und deren Mitglieder für Sie auch erreichbar sind.

2 **Material sammeln.** Setzen Sie sich mit typischen Vertretern Ihrer Zielgruppe auseinander. Sprechen Sie mit ihnen, lesen Sie über sie, beobachten Sie ihr Verhalten. Informieren Sie sich bei Branchenverbänden, Marktforschern und öffentlichen Stellen. Tragen Sie alles zusammen, was Sie über das Umfeld Ihrer

Zielgruppe finden können. Gliedern Sie dabei das Material in fünf Kategorien – das wirtschaftliche, soziale, technologische, politisch/rechtliche und kulturelle Umfeld.

3   **Steckbrief erstellen.** Werten Sie Ihr neues Material aus und erstellen Sie einen Steckbrief Ihrer Zielgruppe. Nützen Sie dabei die wichtigsten Informationen, die Sie über das Umfeld Ihrer potenziellen Abnehmer gefunden haben. Beschreiben Sie auf ein bis zwei Seiten, welchen Einflüssen die Mitglieder Ihrer Zielgruppe ausgesetzt sind.

4   **Konsequenzen ziehen.** Während des 2. und 3. Schritts werden Ihnen eine Menge neuer Ideen und Ansatzpunkte gekommen sein, wie Sie Ihre Zielgruppe noch besser versorgen und umwerben können. Ziehen Sie Ihre Konsequenzen daraus und sehen Sie in Ihrer Marketingplanung konkrete Maßnahmen vor, die auf diesen neuen Ideen aufbauen.

5   **Steckbrief weitergeben.** Geben Sie den Steckbrief Ihrer Zielgruppe an alle Stellen weiter, die aktiv auf den Erfolg Ihrer Dienstleistungen einwirken. Das können zum Beispiel Mitarbeiter im Marketing sein, Vertriebsleute, Betreuer bei Ihrer Werbeagentur und die Dienstleistungserbringer selbst. Der Steckbrief versetzt diese Personen in die Lage, die Zielgruppe besser zu verstehen. Das führt dazu, dass Sie mehr und gezielter an Ihre Zielgruppe verkaufen.

Für das durchgreifende Überzeugen Ihrer Zielgruppe ist der Marketing-Mix das Instrument der Wahl.

Ob der Markt Ihre Dienstleistung annehmen wird, hängt von weit mehr ab als nur der Leistung selbst. Da ist zum Beispiel der Preis, der großen Einfluss darauf hat, wie Kunden eine Dienstleistung bewerten. Oder das Prospektmaterial, die Internetpräsentation sowie etwaige Mailings, die einen ganz bestimmten Eindruck hervorrufen. Auch das Verhalten der Dienstleistungserbringer trägt dazu bei, die Kundenwahrnehmung der Dienstleistung zu formen.

Alle diese Bereiche, die Einfluss auf die Kundenwahrnehmung haben, lassen sich in dem Modell des Marketing-Mix zusammenfassen. Der Marketing-Mix zeigt Ihnen daher auf, mit welchen Mitteln Sie den Absatz Ihrer Dienstleistung begünstigen können. Ob Sie diese Möglichkeiten aktiv nützen oder nicht, liegt ganz bei Ihnen. Die Erfahrung gibt jedenfalls die Empfehlung ab, dass Sie mit einer aktiven Gestaltung des Marketing-Mix besser dran sind. Andernfalls bleibt zu viel dem Zufall überlassen, den Sie besser meiden sollten, wenn es um Ihr Geld geht.

Der Marketing-Mix besteht bei klassischen, gegenständlichen Produkten aus den so genannten vier „P": Product, Price, Placement und Promotion. Bei Dienstleistungen gesellt sich noch ein fünftes „P" dazu: Personnel. Im Rahmen der fünf „P" sind eine Reihe von Festlegungen möglich. Diese Festlegungen bestimmen, wie Ihre Leistung mit allem „Drumherum" von Ihrer Zielgruppe wahrgenommen wird:

- *Product* steht für das Dienstleistungsprodukt, das Sie anbieten. Hier finden Sie ein weites Feld von Gestaltungsmöglichkeiten, denn Dienstleistungen lassen sich meistens viel rascher entwickeln und zur Marktreife bringen als konkrete Produkte. Dennoch ist genau wie bei gegenständlichen Produkten ein „Design" der Leistung notwendig.

- *Price* meint natürlich den Preis Ihrer Dienstleistung. Damit ist aber nicht nur der Geldbetrag zu verstehen, der von Ihren Kunden zu entrichten ist. Es gehören dazu auch alle mit dem Preis in Zusammenhang stehenden Vereinbarungen. Zahlungsbedingungen, Konditionen, Rabatte und daran geknüpfte Bedingungen sind alles Festlegungen, die in diesem Bereich zu treffen sind.

- *Placement* benennt alle Aktivitäten, mit denen Sie Ihre Dienstleistung der Zielgruppe verfügbar machen. Dazu gehören Auswahl, Betreuung und Motivation Ihres Vertriebs sowie alle Fragen der Logistik.
- *Promotion* steht für die Absatzförderung Ihrer Dienstleistung. Das sind alle Aktivitäten, mit denen Sie Ihre Leistung bei der Zielgruppe bekannt machen: Werbung, PR, Verkaufsförderung und der persönliche Verkauf.
- *Personnel* fasst Ihre Personalpolitik zusammen, die im Dienstleistungsbereich von herausragender Bedeutung ist. Dienstleistungen haben einen sehr hohen Personenbezug und damit hat die Person des Dienstleistungserbringers in der Kundenwahrnehmung einen hohen Stellenwert. Der Auswahl sowie Aus- und Weiterbildung Ihres Personals und dem Aufbau interner Kommunikationswege sollten Sie daher ganz besondere Beachtung schenken.

Die Bedeutung des Marketing-Mix kann gar nicht genug betont werden. Seine Abstimmung im Rahmen der fünf „P" bestimmt nicht nur, ob Ihre Dienstleistung überhaupt Abnehmer findet, sondern auch, ob Ihre bestehenden Kunden wiederkommen. Der Marketing-Mix ist die Grundlage jedes professionellen Marketingkonzepts. Er liefert Ihnen die Struktur, mit deren Hilfe Sie Ihre Dienstleistungen ganz gezielt vermarkten.

Anwendung:

1 **Dienstleistung auswählen.** Wählen Sie aus Ihrem Angebot eine Dienstleistung aus, die Ihnen besonders am Herzen liegt. Das kann eine bestehende Leistung sein, von der Sie glauben, dass sie mehr Potenzial in sich trägt. Oder es kann eine neue Leistung sein, die Sie in absehbarer Zeit auf den Markt bringen möchten. Auf jeden Fall sollte es eine Leistung sein, der Sie in der nächsten Zeit mehr Aufmerksamkeit schenken möchten.

2 **Marketing-Mix untersuchen.** Verschaffen Sie sich einen Überblick über den bestehenden bzw. geplanten Marketing-Mix für diese Leistung. Obwohl der Marketing-Mix im Grunde ein sehr umfassendes Modell ist, der sich mit vielen Detailfragen beschäftigt (ein großer Teil des Abschnitts „Leitfaden zum Marketingkonzept" dreht sich um die Ausarbeitung Ihres Marketing-Mix), konzentrieren Sie sich vorerst auf diese zentralen Fragen:

   - *Product:* Worin besteht Ihre Leistung und welchen Nutzen bietet sie?
   - *Price:* Welche Preispolitik verfolgen Sie mit dieser Leistung?
   - *Placement:* Wie kann man diese Leistung bei Ihnen erwerben?
   - *Promotion:* Wie erfährt man als potenzieller Kunde von Ihrer Leistung?
   - *Personnel:* Welches Personal werden Sie für diese Leistung einsetzen?

3 **Marketing-Mix überprüfen.** Rufen Sie sich nun Ihre Zielgruppe für diese Dienstleistung in Erinnerung und bewerten Sie aus deren Sicht nochmals Ihre Antworten auf die obigen Fragen. Ist die (geplante) Leistung wirklich ideal für diese Zielgruppe? Wird Ihre Preispolitik bei dieser Zielgruppe Akzeptanz finden? Findet Ihre Zielgruppe einfache Wege vor, Ihre Leistung zu erwerben? Informieren Sie Ihre Zielgruppe ausreichend über Ihr Leistungsangebot? Setzen Sie Personal ein, das für diese Zielgruppe geeignet ist?

4 **Marketing-Mix ausrichten.** Richten Sie gegebenenfalls den Marketing-Mix für Ihre Dienstleistung neu aus. Je besser Sie jedes einzelne der fünf „P" an Ihrer Zielgruppe orientieren, umso effizienter wird der Marketing-Mix in Ihrem Sinn arbeiten.

Je rascher Sie Ihre Dienstleistungen auf den Markt bringen, umso besser sind Ihre Chancen auf eine gute Marktposition.

Durch die zügige technologische Entwicklung werden die Innovationszyklen in unserer Wirtschaft immer kürzer. Am laufenden Band ergeben sich neue Perspektiven, die Ansätze für innovative Dienstleistungsangebote bieten. Eine Idee für eine neue lukrative Dienstleistung wird aber besser so früh und so rasch wie möglich vermarktet. Sonst droht die Gefahr, dass ein Mitbewerber diesen Gewinn versprechenden Platz besetzt. Auf den ersten Blick mag es ein Trost sein, dass dieser Grundsatz für alle Anbieter gilt. Das hilft Ihnen aber nicht viel, wenn gerade Sie vor der Aufgabe stehen, ein neues Angebot rasch auf dem Markt zu etablieren. Im Folgenden daher ein paar Möglichkeiten, wie Sie Ihrer Dienstleistung „Turnschuhe" anziehen und potenzielle Mitbewerber abhängen:

- *Prioritäten setzen:* Klare Prioritäten erlauben Ihnen beschleunigtes Vorgehen. Zum Beispiel können Sie sich bei der Entwicklung eines neuen Angebots in einer ersten Version damit begnügen, nur einen Teil des geplanten Leistungsumfangs zu bieten. Mit einer solchen Basisleistung ist es Ihnen bereits möglich, einen Fuß in die Tür zum Markt zu stellen. Der daraus resultierende Zeitvorteil besteht darin, dass Ihr Markteintritt beschleunigt wird. Und das Attribut „first on market" ist nicht nur Herstellern konkreter Produkte nützlich, sondern auch Ihnen als Dienstleistungsanbieter.

- *Analysieren:* Analyse ist ein Werkzeug, mit dem Sie Ihre Entscheidungen auf einen sicheren Boden stellen. Flops können vermieden werden, indem Sie Markt und Kundenbedürfnissen rechtzeitig und vor allem ausreichend Aufmerksamkeit schenken – noch bevor Sie eine bestimmte Dienstleistung gestalten und anbieten. Denn wenn Sie Ihre Dienstleistung bald nach der Einführung aus Mangel an Bedarf komplett umgestalten müssen, verlieren Sie wertvolle Zeit.

- *Planen:* Die Einführung Ihres neuen Dienstleistungsangebots läuft durch realistische Planung effizienter ab. Denn an den meisten Prozessen, die eine neue Dienstleistung ins Leben rufen, sind mehrere Personen beteiligt. Wenn von diesem Kreis jeder genau weiß, was wann zu erledigen ist, läuft alles schneller ab.
- *Redundanzen vermeiden:* Rasch wachsende Unternehmen neigen dazu, Redundanzen hervorzubringen. Prozesse, die an mehreren Stellen benötigt werden, werden parallel mehr als einmal entwickelt und angewendet. Das gilt besonders dann, wenn in einem Unternehmen in rascher Folge neue Bereiche (wie zum Beispiel Dienstleistungsabteilungen) entstehen. Machen Sie es sich zum Hobby, spezialisiertes Know-how rechtzeitig zu erkennen und intern mehrfach zu nützen.
- *Koordinieren:* Rechtzeitiges Einbeziehen aller an einer Aktivität beteiligten Personen schützt Sie vor unliebsamen Überraschungen. Wenn Ihr Vertrieb am Mittwoch erfährt, dass ab Montag eine neue Dienstleistung geboten wird, wird es wahrscheinlich zu Verzögerungen kommen. Mit etwas Weitblick und koordinierenden Aktivitäten vermeiden Sie solche Überraschungen.
- *Motivieren:* Alle Beteiligten einzubeziehen schafft erhöhte Identifikation. Aber nicht nur das aktive Einbeziehen in Problemstellungen ist wichtig, auch Erfolge sollten Sie gemeinsam feiern. Wenn man dazugehört, geht alles leichter von der Hand. Ein Zeitvorteil stellt sich dadurch wie von selbst ein, denn in solchen Fällen beeilen sich alle.

Anwendung:

Wenn Sie sich mit dem Gedanken tragen, ein neues Dienstleistungsangebot ins Leben zu rufen, dann beschaffen Sie sich alle Zeitvorteile, die Sie bekommen können. Diese Punkte helfen Ihnen dabei, einiges an Vorsprung herauszuholen:

1   **Notwendigen Umfang prüfen.** Stellen Sie fest, welche Teile Ihrer Dienstleistung Sie unbedingt sofort bieten müssen und für welche es genügt, wenn sie erst zu einem späteren Zeitpunkt

hinzukommen. Alles, was Sie Anfangs weglassen können, spart Zeit bei der Markteinführung.

2 **Ressourcen planen.** Schätzen Sie ab, wer Ihre Dienstleistung wann und in welchem Ausmaß in Anspruch nehmen wird. Sorgen Sie rechtzeitig dafür, dass die notwendigen Ressourcen rechtzeitig bereit stehen werden. Auf diese Weise vermeiden Sie in der Einführungsphase unnötige Verzögerungen.

3 **Mitbewerber untersuchen.** Erheben Sie, ob es bereits Anbieter gibt, die eine vergleichbare Dienstleistung im Programm haben. Wenn ja, sammeln Sie alle Informationen, die Sie darüber bekommen können, und lernen Sie daraus für Ihr eigenes Angebot. Auf diese Weise werden Sie viel Zeit bei der Gestaltung Ihrer Dienstleistung sparen.

4 **Alle Betroffenen einbeziehen.** Überlegen Sie, wer alles intern von Ihrem Dienstleistungsangebot betroffen ist – sei es durch Erbringung, Bewerbung oder Abwicklung. Beziehen Sie diese Personen in Ihren Planungsprozess ein. Damit räumen Sie etwaige Widerstände aus, was einem Zeitgewinn von einigen Wochen bis mehreren Monaten gleichkommt.

5 **Bestehende Strukturen nützen.** Überprüfen Sie Ihr Umfeld und finden Sie heraus, welche intern und extern vorhandenen Strukturen Sie für Ihre Dienstleistung nützen können. Egal, ob es sich dabei um einen bestehenden Vertriebsapparat, einen vorhandenen Kundenclub oder irgendeine andere nützliche Struktur handelt – Sie werden durch deren Verwendung viel Zeit sparen.

6 **Fachliches Potenzial einsetzen.** Stellen Sie fest, welches vorhandene Know-how Sie für die Planung, Markteinführung und Erbringung Ihrer Dienstleistung nützen können. Dieses Know-how kann zum Beispiel intern in Fachabteilungen oder extern bei Geschäftspartnern zu finden sein. Nützen Sie alles, was Sie bekommen können, denn jedes Stück vorhandenes Know-how bedeutet für Sie einen Zeitgewinn.

Aufbau und Pflege eines fixen Kundenstammes garantieren Ihnen Wettbewerbsvorteile.

Immer wieder muss man sich wundern, wie wenige Unternehmen einmal begonnene Beziehungen auch aktiv weiter verfolgen. Sie kennen das bestimmt aus eigener Erfahrung: Sie kaufen bei einem Unternehmen ein und erhalten dann, wenn überhaupt, noch ein paar Mal irgendwelche Zusendungen. Danach Schweigen im Walde, kein Quäntchen weiterer Information, Sie geraten als potenzieller Kunde in Vergessenheit. Schade für diese Anbieter, denn vielleicht hätten Sie erneut bei diesen Unternehmen gekauft – wenn Sie nur nachhaltig informiert worden wären.

Hinter dieser Unterlassung vieler Anbieter stecken zwei Irrtümer, die sich hartnäckig halten. Erstens, man darf seine Kunden nicht mit zu viel Information auf die Nerven gehen. Zweitens, wenn man den Absatz steigern möchte, braucht man neue Kunden, die alten haben ohnehin schon gekauft. Völlig falsch! Denn nur die immer wiederkehrenden Kunden verankern ein Unternehmen im Markt. Sie garantieren eine Grundauslastung und bringen eindeutige Wettbewerbsvorteile. So lassen sich zum Beispiel neue Dienstleistungen wesentlich leichter und schneller einführen, wenn Sie bereits über einen zufriedenen Stamm von Dauerkunden verfügen. Auch Ihre Kosten pro Kunde für Marketing, Verkauf und Verwaltung sind bei Dauerkunden geringer, als wenn Sie ständig einen neuen Abnehmerkreis aus dem Nichts aufbauen müssen. Darüber hinaus sind zufriedene Dauerkunden die beste Werbung. Sie bringen Ihnen den Vorteil wirkungsvoller Mundpropaganda. Empfehlungen, ausgesprochen von Ihren Kunden, unterstützen die weitere Ausbreitung Ihrer Leistungen im Markt. Sie sind die beste Referenz für den Wert Ihres Angebots.

Aufbau und Erhaltung eines fixen Kundenkreises verlangen aber Beständigkeit. Jeder, der einmal einen Geschäftsbereich vom Start weg aufgebaut hat, kann ein Lied davon singen. Selbst bei größter Hartnäckigkeit und massivem Kommunikationsaufwand ist eine Anfangsbarriere zu überwinden. Der Grund dafür liegt in der Trägheit des Marktes. Sie resultiert aus der Angst potenzieller

Abnehmer, auf das falsche Pferd zu setzen. Sich zum Beispiel einem Anbieter anzuvertrauen, der noch nicht sattelfest ist. Oder einen Preis zu bezahlen, der in Kürze nur mehr die Hälfte betragen wird. Alles, was neu ist, kämpft also gegen die Trägheit des Marktes an: neue Verfahren, neue Dienstleistungen und neue Unternehmen. Einigen gelingt es, sich durchzusetzen. Für diese stellt sich dann ab einem gewissen Punkt eine Umkehr ein. Die Trägheit der Kunden muss nicht mehr bekämpft werden, sie beginnt als Verteidigungsschild zu wirken.

Nutzen Sie diesen Umstand und bauen Sie ab morgen den Verteidigungsschild Ihres Unternehmens aus. Dafür brauchen Sie nur zu akzeptieren, dass Ihre bestehenden Kunden die Basis bilden, auf der Ihr Unternehmen steht. Würdigen Sie diese Basis und richten Sie einen Teil Ihres Kommunikationsaufwandes immer an diese Menschen. Versorgen Sie diese Leute beständig mit Informationen und stellen Sie sicher, dass sie Ihr Unternehmen nicht vergessen werden.

Anwendung:

1 **Situation klären.** Werden Sie sich darüber klar, ob Ihr Unternehmen gezielt an Aufbau und Erhaltung eines fixen Kundenstamms arbeitet. Wird ein Geschäft mit einem Neukunden bei Ihnen eher als vorübergehende Begegnung betrachtet oder als Beginn einer langfristigen Beziehung? Sammeln und pflegen Sie Informationen über Ihre Kunden? Werden Ihre Kunden von Ihnen regelmäßig an Sie erinnert?

2 **Modellwechsel vollziehen.** Wenn Sie festgestellt haben, dass Sie Ihre Kunden bisher eher wie Eintagsfliegen behandelt haben, dann stehen Ihnen viele neue Möglichkeiten offen. Der wesentlichste Schritt in Richtung dieser Möglichkeiten ist, die eigene Betrachtungsweise zu verändern. Wenn Sie und Ihre Mitarbeiter beginnen, jeden Neukunden automatisch als potenziellen Stammkunden zu sehen, werden Sie auch darauf achten, Ihre Kunden vom Start weg ganz anders zu behandeln.

3   **Maßnahmen setzen.** In Folge werden Sie wahrscheinlich weitere Schritte setzen, die Ihnen dabei helfen. Sie könnten eine Datenbank Ihrer Kunden aufbauen, mit deren Hilfe Sie Informationen sammeln und verwalten. Sie können diese Datenbank dazu nützen, regelmäßig in Kontakt mit Ihren Kunden zu treten. Über kurz oder lang führt das dazu, dass Sie gezielt eine Stammkundschaft aufbauen, die immer wieder bei Ihnen kauft und Sie auch weiterempfiehlt.

Wenn Sie Ihre Mitbewerber mit den richtigen Augen betrachten, werden sie zu starken Verbündeten.

Die meisten Unternehmen beschäftigen sich ausschließlich zu zwei besonderen Anlässen mit ihrem Mitbewerb. Der erste Zeitpunkt, zu dem an den Mitbewerb gedacht wird, ist die Phase des eigenen Markteintritts. Natürlich, man orientiert sich schließlich daran, was es in diesem Bereich schon gibt, untersucht, wer da was anbietet, und versucht daraus abzuleiten, welche Chancen die eigenen Leistungen haben werden.

Anschließend gerät der Mitbewerb wieder in relative Vergessenheit. Man geht seinen Geschäften nach und nur gelegentlich kommt es zu Berührungen mit anderen Anbietern. Von einer systematischen Auseinandersetzung mit der Konkurrenz kann aber keine Rede mehr sein. Dazu kommt es erst wieder, wenn der eigene Geschäftserfolg massiv durch einen Mitbewerber bedroht wird. Das kann zum Beispiel dann passieren, wenn ein anderer Anbieter die gleiche oder bessere Qualität zum selben oder zu einem besseren Preis-Leistungs-Verhältnis zur Verfügung stellt. Der Zeitpunkt, zu dem diese erneute und diesmal erzwungene Beschäftigung mit dem Mitbewerb stattfindet, ist oft zu spät. Jedenfalls meistens zu spät, um empfindliche Verluste von Marktanteilen verhindern zu können.

Dieses Verhalten ist ganz offensichtlich gegen jede Vernunft. Warum also wird einer durchgängigen Beschäftigung mit der Konkurrenz so gerne ausgewichen? Nun, die Wurzel des Übels liegt meistens in der Einstellung gegenüber den Mitbewerbern – sie werden als Gegner verstanden. Manche Unternehmen gehen sogar so weit, dass sie ihren Mitarbeitern jeden Kontakt mit Kollegen anderer Anbieter untersagen. Wenngleich nicht überall so extrem praktiziert, ist die Auffassung der Mitbewerber als „Gegner" meistens vorherrschend. Fasst man die Mitbewerber aber als Gegner auf, so impliziert das, dass man sich in erster Linie zu den oben beschriebenen Zeitpunkten mit ihnen auseinander setzt. Also genau dann, wenn man sie entweder angreift oder selbst angegriffen wird. Nun steht Ihnen aber auch eine ganz andere Auffassung Ihres Mitbewerbs offen, die Ihnen wesentlich mehr Spielraum lässt.

Diese Auffassung versteht andere Anbieter weniger als Gegner und mehr als Gleichgesinnte. Gleichgesinnte insofern, als sie sich fachlich mit denselben Fragestellungen beschäftigen und nach Lösungen im Sinn der Kunden suchen. Von solchen Gleichgesinnten können Sie unvoreingenommen lernen. Einer laufenden Beschäftigung mit ihnen steht ebenfalls nichts mehr im Weg.

Befreien Sie sich für einen Augenblick von den martialischen Vorstellungen von Gegnern, Kämpfen um Marktanteile, Beute, Siegern und Verlierern und es zeigt sich noch ein weiterer Vorteil der hier vorgeschlagenen Auffassung: Sie werden die anderen Anbieter wertfrei und emotionslos betrachten. Sie beginnen, Ihre wirklichen Stärken und Schwächen zu erkennen. Und das hilft Ihnen dabei, das Wichtigste zu verwirklichen: Ihren eigenen und sicheren Platz im Kreis der Anbieter.

Anwendung:

1 **Mitbewerber identifizieren.** Einer der wichtigsten Gründe für den Boom am Dienstleistungssektor sind die relativ niedrigen Eintrittsbarrieren. Ein Hersteller kann rund um seine Produkte eine Vielzahl von Eintrittsbarrieren nützen – Schutzrechte, Patente, kapitalintensive Produktion, ein starkes Markenprofil oder exklusive Distributionsverträge sind nur einige Beispiele dafür. Dagegen nehmen sich die Eintrittsbarrieren im Dienstleistungssektor geradezu geringfügig aus. Die einzige wesentliche Hürde für einen Newcomer besteht darin, die richtigen Mitarbeiter mit den passenden Skills zu gewinnen. Das bedeutet, dass der Dienstleistungsmarkt sehr dynamisch ist – von heute auf morgen kann ernst zu nehmende Konkurrenz auftauchen und alles durcheinander bringen. Haben Sie daher stets ein wachsames Auge und identifizieren Sie Ihre Mitbewerber rechtzeitig. Legen Sie eine Liste Ihrer Konkurrenz an und halten Sie diese immer aktuell.

2 **Mitbewerber studieren.** Beschäftigen Sie sich laufend mit den Mitbewerbern auf Ihrer Liste. Fassen Sie diese nicht als Gegner auf, sondern als Gleichgesinnte, unter denen Sie Ihren fixen Platz einnehmen möchten. Das hilft Ihnen dabei, Ihre Besonderheiten und Ihre eigene Identität zu erkennen. Damit werden Sie im

Kreis der Anbieter einen stabilen Platz halten können. Studieren Sie deren Prospektmaterial, deren Internetseiten und Veranstaltungen und beantworten Sie auf dieser Basis folgende Fragen:

- *Leistungspolitik*: Welche Besonderheiten weisen die Dienstleistungen des Mitbewerbers auf? Auf welche Themen konzentriert er sich, zu welchen Aufgabenstellungen gibt er seinen Kunden welche Unterstützung? In welchen Bereichen ist er besonders stark, wo zeigt er Schwächen?

- *Personal*: Welche besonderen Qualitäten hat das Dienstleistungspersonal des Mitbewerbers? Betrachten Sie einerseits die fachliche Komponente (Know-how, Skills etc.) und anderseits die Verhaltensseite (Zuverlässigkeit, Reaktionsvermögen etc.).

- *Preispolitik*: Wie sieht die Preispolitik des Mitbewerbers aus? Versuchen Sie, seine Grundeinstellung in der Preisgestaltung im Rahmen von ein, zwei Sätzen zu formulieren.

- *Kommunikation*: Welchen Stil pflegt der Mitbewerber in seiner Kommunikation? Wie informiert er seine Kunden und Interessenten, welche Wege geht er dabei und welche Mittel werden genützt?

- *Zielgruppen*: Wer sind die Zielgruppen des Mitbewerbers? An welche Personenkreise wendet er sich ganz besonders? Wen möchte er unbedingt gewinnen?

- *Ziele*: Welche Ziele verfolgt der Mitbewerber? Was möchte er grundsätzlich erreichen? Diesen Punkt werden Sie am besten beantworten können, wenn Sie bereits Informationen zu den vorangehenden Punkten gesammelt haben. Die Ziele Ihres Mitbewerbers zeichnen sich dann meistens als zu Grunde liegendes Muster ab.

3 **Von Mitbewerbern lernen.** Was Sie in Ihrem speziellen Fall von Ihren Mitbewerbern lernen können, wird Ihnen wahrscheinlich schon während des Studierens von deren Vorgangsweise klar geworden sein. Lernen besteht aber nicht nur daraus, den richtigen Weg zu kennen, sondern auch darin, ihn zu gehen. Vergessen Sie also nicht, Ihre Erkenntnisse in die Praxis Ihres eigenen Unternehmens zu übernehmen.

1.2 Gestaltung von Dienstleistungen

Nur wenn Ihre Mitarbeiter über die benötigten Soft Skills verfügen, werden sie Ihre Kunden ganz zufrieden stellen.

Wer kennt nicht den Typ des kompetenten, aber zugeknöpften Experten? Egal ob als Handwerker, Techniker, Anwalt oder Facharzt, er begegnet einem in vielen Berufsgruppen. Obwohl man hofft, dass er seine Sache versteht – wenn man von ihm abhängig ist, wird man ein beunruhigendes Gefühl einfach nicht los. Denn wenn wir eine Dienstleistung in Anspruch nehmen, wünschen wir uns nicht nur eine kompetente fachliche Leistung, sondern auch eine freundliche und aufmerksame Behandlung, ein paar Erklärungen und die Bereitschaft, auf unsere Wünsche einzugehen.

Die Art, wie wir einen Dienstleistungserbringer erleben, zerfällt also in zwei große Kategorien: Die erste Kategorie wird von den Skills des Erbringers bestimmt. Damit sind seine Fähigkeiten und Fertigkeiten gemeint, die ihn in die Lage versetzen, die Leistung überhaupt zu erbringen. Dazu gehören zum Beispiel seine Ausbildung und seine Erfahrungen in Spezialgebieten. Die zweite Kategorie bilden die viel zitierten Soft Skills des Dienstleistungserbringers. Darunter versteht man gemeinhin seine Kommunikationsfähigkeit, seine soziale Kompetenz, die Bereitschaft auf andere einzugehen usw.

Nur selten erfährt man allerdings Genaueres darüber, welche Soft Skills ein Dienstleistungsmitarbeiter braucht, geschweige denn, wie man sie überprüfen und bewerten kann. Grund genug, einmal genauer zu untersuchen, woraus denn diese so genannten Soft Skills eigentlich gestrickt sind.

Die Soft Skills einer Person – wie zum Beispiel Kommunikationsfähigkeit – basieren unter anderem auf einigen grundlegenden Persönlichkeitsmerkmalen. Diese sind bei jedem Menschen so fundamental, dass sich die Analogie mit den untersten Schichten eines Betriebssystems geradezu aufdrängt. Bereits in den 20er-Jahren erstmals von dem Schweizer Psychologen C. G. Jung beschrieben, sind sie in den letzten Jahrzehnten unter anderem von den Amerikanern T. James und W. Woodsmall genauer untersucht und systematisiert worden. Erfreulicherweise sind sie relativ einfach zu verifizieren – das bedeutet eine große Hilfe dabei, bei Dienstleistungen das passende Personal einzusetzen.

In der praktischen Anleitung sind nachfolgend einige der Merkmale vorgestellt, die im Zusammenhang mit der Erbringung von Dienstleistungen eine besondere Rolle spielen. Arbeiten Sie die Liste für alle Mitarbeiter durch, die Dienstleistungen erbringen oder erbringen sollen. Sie werden sich damit einige Klarheit verschaffen, wen Sie für welche Art von Dienstleistungen einsetzen können. Aufwand braucht es dafür nicht, höchstens etwas Beobachtungsgabe und Menschenkenntnis. Wenn Sie Ihr Personal dann dementsprechend einsetzen, werden nicht nur Ihre Kunden zufriedener. Auch Ihre Mitarbeiter profitieren davon, indem sie Tätigkeiten nachgehen, die ihnen persönlich liegen.

Anwendung:

Arbeiten Sie diese Fragestellungen für Ihre Dienstleistungsmitarbeiter durch:

1 **Introvertiert oder extravertiert.** Ist der Mitarbeiter introvertiert oder extravertiert? Daraus ergibt sich, bei welcher Art von Dienstleistungen er am besten aufgehoben ist. Introvertierte Personen arbeiten besser in Bereichen, wo sie mit nur wenig unterschiedlichen Personen zu tun haben, also zum Beispiel in der Softwareentwicklung. Extravertierte Menschen sind besser in Bereichen aufgehoben, in denen sie mit vielen anderen Menschen in Kontakt kommen, wie etwa im Kundendienst.

2 **Fakten oder Bedeutung.** Interessieren den Mitarbeiter mehr Fakten oder mehr deren Bedeutung? Sind Fakten der grundsätzliche Gegenstand seines Interesses, wird er sehr spezifisch denken und daher alles gut erledigen, wo es auf Details ankommt. Ist er mehr an der Bedeutung von Fakten interessiert, so denkt er eher abstrakt und kann zum Beispiel gut für Analyse- oder Designarbeiten eingesetzt werden.

3 **Objekte, Systeme oder Menschen.** Richtet sich die Aufmerksamkeit des Mitarbeiters eher auf Objekte, Systeme oder Menschen?

Mitarbeiter, die sich gerne mit Objekten beschäftigen, sind zum Beispiel ideal für alle Tätigkeiten rund um Hardware. Solche, die an Systemen interessiert sind, können gut für konzeptionelle Arbeiten eingesetzt werden. Jene, die in erster Linie an Menschen interessiert sind, sind zum Beispiel gute Ausbilder.

4   **Übereinstimmungen oder Unterschiede.** Sucht der Mitarbeiter in seiner Umgebung eher Übereinstimmungen oder Unterschiede? Wenn sich jemand hauptsächlich an Unterschieden orientiert, wird er sehr gut in der Fehlersuche sein. Wenn jemand in seiner Wahrnehmung Übereinstimmungen bevorzugt, wird er sich wahrscheinlich im Verkauf relativ leicht tun.

5   **Offenlassen oder Fertigstellen.** Ist es dem Mitarbeiter wichtig, Begonnenes fertigzustellen? Wenn diese Frage nicht bejaht werden kann, sollte ein solcher Mitarbeiter zumindest nicht im Kundenkontakt eingesetzt werden.

6   **Perfektion oder Optimierung.** Strebt der Mitarbeiter bei seinen Ergebnissen eher Perfektion an, oder sucht er zu optimieren? Natürlich werden von Kunden immer perfekte Ergebnisse gewünscht, die Frage ist nur, ob sie auch den hohen Zeitaufwand zahlen, den ein Perfektionist hat, bis er zufrieden ist. Optimierer schaffen es oft, mit relativ geringem Aufwand die Wüsche der Kunden zu erfüllen, neigen aber dazu, sich zu früh zufrieden zu geben.

7   **Aktiv oder reflektiv.** Handelt der Mitarbeiter aktiv, reflektiv oder ausgewogen? Wenn jemand rein aktiv handelt, beginnt er im Problemfall sofort mit einem Lösungsansatz, ohne lang nachzudenken. Wenn jemand rein reflektiv handelt, denkt er sehr lange über Lösungen nach, bevor er sich an die Arbeit macht. Ideal ist in diesem Fall ein ausgewogenes Verhalten.

Ihre Wettbewerbsfähigkeit als Dienstleistungsunternehmen hängt unmittelbar von Ihrer Einstellung zu Mitarbeitern ab.

Wie wir alle aus eigener Erfahrung wissen, kommt es sehr darauf an, von wem eine Dienstleistung erbracht wird. Es ist nun einmal nicht dasselbe, ob eine Leistung von einem erfahrenen Experten oder von einer jungen Nachwuchskraft erbracht wird. Und es macht ebenfalls einen Unterschied, ob der Mitarbeiter freundlich und kommunikativ ist oder ob er Dienst nach Vorschrift macht. Gefragt sind also nicht nur Know-how und fachliche Expertise, sondern auch Reaktionsbereitschaft, Höflichkeit und Einfühlungsvermögen. Diese gesuchten versierten Spezialisten, die auch noch kundenorientiert handeln, wachsen aber leider nicht auf den Bäumen. Profis, die gut mit Kunden umgehen können, sind daher heiß umkämpft. Angesichts dieser Situation stellt sich die Frage: Wie können Sie vorgehen, um möglichst hoch qualifizierte Mitarbeiter nicht nur zu gewinnen, sondern auch zu *behalten?*

Um ein paar neue Ansätze zu dieser Fragestellung ins Spiel zu bringen, sind Sie zu einem Gedankenexperiment eingeladen. Gehen Sie bitte von folgender Grundüberlegung aus: Wenn Ihr Unternehmen die besten verfügbaren Mitarbeiter gewinnen und binden möchte, dann stellt das eine Analogie zum Produktmarketing dar. Nur dass Ihre Zielgruppe statt aus Kunden in diesem Fall aus Mitarbeitern besteht. Das Produkt, von dem Sie diese Zielgruppe überzeugen möchten, ist die Zugehörigkeit zu Ihrem Unternehmen.

Diese Betrachtungsweise weicht drastisch vom konventionellen Personalwesen ab. Traditionell wird es als eine Art Beschaffungswesen gesehen, das am Personalmarkt einkauft und die Bestände pflegt. Der Grundsatz ist: Sie leisten und wir bezahlen Sie dafür. Diesen Grundsatz dreht der hier vorgeschlagene Modellwechsel um 180 Grad um: Wir als Unternehmen leisten etwas für Sie, und Sie bezahlen uns dafür mit Ihrer Leistung. Obwohl diese Umdeutung sehr einfach klingt, bringt sie eine tief greifende Veränderung mit sich: Ihre Mitarbeiter werden zu Kunden! Wenn Sie Ihre Mitarbeiter als Kunden betrachten, erschließen Sie sich mit einem Schlag die

Instrumente des modernen Marketing. Die gesamte Palette an Möglichkeiten im Produktmarketing hat nun auch hier ihre Wirksamkeit. Das Produkt ist in diesem Fall eine Art Mitgliedschaft bei Ihrem Unternehmen, die Zielgruppe sind Ihre jetzigen und zukünftigen Mitarbeiter. Mit dieser Auffassung eröffnen Sie sich im Kampf um die besten Fachkräfte neue Möglichkeiten. Möglichkeiten, die Ihre Mitbewerber wahrscheinlich noch nicht erkannt haben und daher auch nicht nützen können. Sie erhalten einen strategischen Vorteil bei Ihren Bemühungen auf dem Dienstleistungsmarkt.

Wenn Sie nun neugierig geworden sind und dieses Gedankenexperiment weiterführen möchten, verwenden Sie einfach das in der nachfolgenden Anleitung beschriebene Gerüst. Es gibt Ihnen die richtige Struktur, mit der Sie Zielgruppe, Positionierung und Marketing-Mix für Ihre „Zielgruppe Mitarbeiter" festlegen. Sie werden feststellen, dass sich Ihre Betrachtungsweise von Mitarbeitern stark ändert. Das führt dazu, dass Sie ganz automatisch neue Wege finden, um jene gesuchten Top-Mitarbeiter zu finden und zu behalten, die Ihren Erfolg als Dienstleistungsunternehmen sichern.

Anwendung:

1 **Zielgruppe festlegen.** Ihre „Zielgruppe Mitarbeiter" besteht aus allen bestehenden und potenziellen menschlichen Ressourcen Ihres Unternehmens. Wenn Sie beschreiben, wer das ist, treffen Sie am besten keine Unterscheidung zwischen Ihren fest angestellten Mitarbeitern und anderen Personen, die für Ihr Unternehmen tätig sind. Dadurch werden alle Menschen eingebunden, die in irgendeiner Form am Erfolg Ihres Unternehmens mitarbeiten (z.B. auch Freelancer, Mitarbeiter von Werbemittlern, Lieferanten etc.).

2 **Positionierung festlegen.** Mit dieser Positionierung legen Sie fest, wie sich Ihr Unternehmen gegenüber der „Zielgruppe Mitarbeiter" definiert. Um diese Position zu finden, klären Sie die folgenden beiden Fragen: Warum sollte überhaupt jemand in Ihrer Branche arbeiten? Warum sollte er das ausgerechnet bei Ihnen tun?

3 **Produkt festlegen.** Das Produkt, das Sie Ihrer „Zielgruppe Mitarbeiter" zu verkaufen haben, ist die Zugehörigkeit zu Ihrem Unternehmen und alles, was diese Zugehörigkeit mit sich bringt. Finden Sie heraus: Was bekommt der „Kunde Mitarbeiter" bei Ihnen konkret? Ein Gehalt, vielleicht ein Firmenauto oder besondere Ausbildungen? Was bekommt er darüber hinaus? Anerkennung, ein gutes Klima oder spezielle Herausforderungen?

4 **Preis festlegen.** Die Zugehörigkeit zu Ihrem Unternehmen hat, so wie jedes Produkt, einen Preis. Die Währung, in der Sie sich diese Zugehörigkeit bezahlen lassen, ist die Leistung Ihrer Mitarbeiter. Sie setzt sich aus Zeit, Energie, Werten, Wissen, Fertigkeiten, Fähigkeiten und anderen Faktoren zusammen. Um herauszufinden, welchen Preis Sie ansetzen möchten, fragen Sie sich: Was möchten Sie von Ihren „Kunden Mitarbeitern" in Zahlung nehmen? Was hat für Sie den höchsten Marktwert? Welche Möglichkeit gibt es bei Ihnen, Leistung zu messen und damit eine einheitliche Währung zu entwickeln?

5 **Promotion festlegen.** So wie Sie ein Produkt bekannt machen müssen, gilt es auch, die Vorteile der Zugehörigkeit zu Ihrem Unternehmen Ihrer „Zielgruppe Mitarbeiter" zu vermitteln. An welchen Stellen und bei welchen Gelegenheiten wird über dieses Thema bei Ihnen zurzeit kommuniziert? Gibt es zusätzliche Wege, die Sie bis jetzt noch nicht nützen?

6 **Einbindung festlegen.** Damit fassen Sie (analog zum Placement eines Produkts) alle Aktivitäten zusammen, welche die Zugehörigkeit zu Ihrem Unternehmen überhaupt erst möglich und effizient machen. Dazu gehören Bereiche wie Arbeitsplatz, technisches und logistisches Umfeld, Arbeitszeitmodelle, soziale Eingliederung usw. Für einen ersten Einstieg fragen Sie sich am besten: Welche sind die wesentlichen Eckpfeiler der Einbindung eines Mitarbeiters in Ihre Organisation?

Ihr Erfolg mit individualisierten Dienstleistungen steht und fällt mit dem richtigen Personaleinsatz.

Individualisierte Dienstleistungen sind die Crème de la Crème der Dienstleistungen. Denken Sie zum Beispiel an die Betreuung durch einen Privatarzt, der genau auf Ihre persönlichen Bedürfnisse eingeht. Oder an die sorgfältige Vorgangsweise eines Handwerkers, der bei seiner Arbeit nicht nur auf Ihre Wünsche, sondern auch auf Ihre Wohnungseinrichtung liebevoll Rücksicht nimmt. Oder wie wäre es mit der souveränen Hilfe eines Beraters, der die speziellen Gegebenheiten Ihres Unternehmens genau studiert und seine Vorgangsweise danach ausrichtet? Alle diese Leistungen werden sehr stark an den jeweiligen Kunden angepasst. Aber was haben sie darüber hinaus gemeinsam? Neben der Leistung selbst wird noch ein weiterer Dienst erbracht – ein Dienst am Selbstwertgefühl des Kunden. Im Rahmen von individualisierten Dienstleistungen wird, wenn sie ihren Namen auch wirklich verdienen, jeder Kunde wie ein Fürst behandelt. Dafür ist er oft auch bereit, ein fürstliches Honorar zu bezahlen.

Wenn Sie selbst fürstliche Honorare beziehen möchten, müssen Sie verstehen, dass es nur *ein* Prinzip gibt, um mit individualisierten Leistungen Erfolg zu haben: Sie müssen das richtige Personal einsetzen. Richtig bedeutet in diesem Fall, dass die Mitarbeiter, die Sie zum Kunden schicken, nicht nur fachliche Kompetenz mitbringen. Sie müssen auch viel praktische Erfahrung haben und darüber hinaus über einige Fähigkeiten in zwischenmenschlicher Kommunikation verfügen. Ein Mitarbeiter, der eine Dienstleistung immer wieder aufs Neue individualisiert erbringen soll, braucht zum Beispiel *Verständnis für die wechselnden Kundensituationen*. Er muss sich einen Einblick in die Motivation des jeweiligen Kunden verschaffen, die größeren Zusammenhänge verstehen und dadurch sein Vorgehen optimal auf den Kunden abstimmen können. Dafür sollte er den gezielten *Einsatz von Fragetechnik* beherrschen. Denn es sind schon viele Fragen an den Kunden notwendig, um individualisierte Dienstleistungen überhaupt entwerfen zu können. Darüber hinaus fällt das schönste individuelle Leistungspaket wie ein Kartenhaus in sich zusammen, wenn der Leistungserbringer es herunterspult wie eine Standarddienstleistung. Ein Erbringer stark individualisierter Dienstleistungen sollte auch ein hohes Maß an *Reaktionsvermögen* einsetzen, um wichtige Kundenwünsche auch während der Leistungserbringung zu identifizieren und sich daran zu orientieren. Und schließlich sollte er auch ein sehr *guter Beobachter* sein. Dann wird er während der Leistung zusätzliche Nutzenpotenziale für den Kunden erkennen und flexibel in sein Konzept einbauen. Und gerade durch dieses unaufgeforderte Eingehen auf (vielleicht nicht einmal geäußerte) Wünsche, Bedürfnisse und Anforderungen entsteht beim Kunden der Eindruck, dass seine spezielle Situation sehr sorgfältig in die Leistungserbringung einbezogen wird.

Treffen Sie also die richtige Personalentscheidung: Wenn Sie mit individualisierten Dienstleistungen Erfolg haben wollen, dann setzen Sie nur erfahrenes und kompetentes Personal ein. Erst dadurch bekommen Ihre Leistungen den erwünschten Charakter. Ihre Kunden werden sich wie Fürsten fühlen, Sie dementsprechend entlohnen und mit Freude weiterempfehlen.

Anwendung:

1   **Individualisierte Dienstleistungen erkennen.** Wenn Sie viele unterschiedliche Dienstleistungen anbieten, stellt sich vielleicht die Frage, welche denn individualisiert werden müssen und welche nicht. Im Grunde weisen die meisten Dienstleistungen einen gewissen Bedarf an Individualisierung auf – selbst ein Kellner wird seine Gäste gemäß deren Vorlieben unterschiedlich behandeln. Dieses Entgegenkommen als echte Individualisierung zu betrachten, würde aber zu weit gehen. Um Dienstleistungen mit wirklich hohem Individualisierungsgrad eindeutig zu erkennen, können Sie folgendes Merkmal verwenden: Es sind alle Leistungen, die ohne starkes Einstellen auf den Kunden gar nicht oder nur mit hohen Qualitätseinbußen erbracht werden können.

2   **Benötigte Eigenschaften isolieren.** Sobald Sie wissen, welche Ihrer Leistungen nach einer hohen Individualisierung verlangen, können Sie die benötigten Eigenschaften der dafür einge-

setzten Mitarbeiter festlegen. Stellen Sie als erstes eine unsortierte (Brainstorming-)Liste dieser Eigenschaften auf. Danach sortieren Sie die Eigenschaften nach ihrer Wichtigkeit. Nehmen Sie die fünf bis zehn wichtigsten Eigenschaften, und Sie haben Ihr Profil des idealen Mitarbeiters für diese Leistung.

3 **Mitarbeitereinsatz überprüfen.** Sie werden Ihr Profil natürlich immer dann zu Rate ziehen, wenn Sie neue Mitarbeiter für Individualleistungen suchen. Überprüfen Sie aber bitte auch den derzeitigen Einsatz Ihrer Mitarbeiter. Vergleichen Sie Ihre Mitarbeiter mit dem Soll-Profil. Wenn Sie große Lücken entdecken, ziehen Sie die Konsequenzen. Denn wenn Sie von einem Mitarbeiter, der sich nicht auf andere Menschen einstellen kann, die Erbringung von Individualleistungen fordern, schaden Sie sowohl Ihren Kunden als auch Ihrem Mitarbeiter. Ihre Kunden werden unzufrieden sein und Ihr Mitarbeiter frustriert. Setzen Sie solche Leute woanders ein. Lassen Sie Individualleistungen von Mitarbeitern erbringen, die sich gerne nach den Kunden und deren Wünschen richten.

Nur wenn Ihre Leistungen einheitlich erbracht werden, nehmen Ihre Kunden eine einheitliche Identität wahr.

Angenommen, Sie nehmen in Ihrem Fitnessclub regelmäßig Trainerstunden in Anspruch, sagen wir, einmal pro Monat. Da nicht immer derselbe Trainer verfügbar ist, werden Sie abwechselnd von unterschiedlichen Personen betreut. Nehmen wir nun weiter an, dass den Trainern bei der Leistungserbringung große Freiheiten gelassen werden. Der eine geht auf Sie ein, der andere hetzt Sie über die Geräte, alle legen auf unterschiedliche Maßnahmen wert – und am allerschlimmsten: jeder Trainer gibt Ihnen unterschiedliche Empfehlungen für Ihr persönliches Programm. Welchen Eindruck hätten Sie wohl nach ein paar Monaten? Sie würden Ihren Fitnessclub zu Recht für einen chaotischen Haufen ohne klare Linie halten, in dem „die Linke nicht weiß, was die Rechte macht".

Wir wollen nicht hoffen, dass es in Ihrem Fitnessclub wirklich so zugeht. Dieses Beispiel zeigt aber eine wichtige Besonderheit von Dienstleistungen auf. Vielleicht haben Sie es schon selbst erkannt: Während ein gegenständliches Produkt wie zum Beispiel ein Fernseher immer gleich aussieht, kann eine Dienstleistung, von unterschiedlichen Personen erbracht, völlig unterschiedliche Gesichter haben. (Mit Individualisierung hat das gar nichts zu tun – dabei geht es um die Individualität der Kunden, hier dagegen um die Individualität der Leistungserbringer.) Entgegenwirken können Sie diesem Effekt nur durch Vereinheitlichung Ihrer Leistungen. Als Gerüst dafür dienen Ihnen die *fünf Dimensionen der Dienstleistungsqualität:*

1 *Annehmlichkeit des Umfeldes:* Betrifft das äußere Erscheinungsbild des Ortes, an dem die Dienstleistung erbracht wird, und der Personen, welche die Dienstleistung erbringen.

2 *Zuverlässigkeit:* Damit ist die Fähigkeit gemeint, die versprochenen Leistungen fachlich auf dem angekündigten Niveau zu erfüllen.

3 *Reaktionsfähigkeit:* Diese Dimension steht für die Bereitschaft als auch die Schnelligkeit, mit denen spezifische Kundenwünsche berücksichtigt werden.

4   *Leistungskompetenz:* In dieser Kategorie wird die Höflichkeit und die Vertrauenswürdigkeit der Personen, welche die Dienstleistung erbringen, zusammengefasst.

5   *Einfühlungsvermögen:* Darunter ist die Fähigkeit zu verstehen, auch auf nicht geäußerte individuelle Kundenanforderungen einzugehen.

Diese Dimensionen bilden ein Raster, mit dem Sie die wichtigsten Eckpfeiler für die Standardisierung Ihrer Leistungen ganz leicht finden werden. Legen Sie einfach innerhalb jeder der fünf Dimensionen *überprüfbare* Merkmale fest. Diese verwenden Sie dafür, um Ihren Mitarbeitern konkrete Anhaltspunkte zu geben, auf welche Art und Weise sie die Leistung erbringen sollen. Das führt dazu, dass ein verbindliches Pflichtenheft für Ihre Leistungen entsteht. Ihre Kunden bekommen dann, egal mit welcher Person sie es zu tun haben, immer einen ähnlichen Eindruck. Das wirkt identitätsbildend und stärkt das Vertrauen in Ihr Angebot. Sie werden denselben Personen mehr Leistungen verkaufen und ganz automatisch neue Kunden dazugewinnen.

Anwendung:

1   **Dimensionen kennen lernen.** Machen Sie sich mit den fünf einzelnen Dimensionen der Dienstleistungsqualität vertraut und lernen Sie ihre Bedeutung zu verstehen. Am besten gelingt das mit Hilfe eines Beispiels. Nehmen Sie also irgendeine Ihrer Dienstleistungen und untersuchen Sie, wie sich dabei die fünf Dimensionen der Dienstleistungsqualität zeigen. Machen Sie sich einfach Notizen, woraus bei dieser speziellen Dienstleistung die „Annehmlichkeit des Umfelds" besteht. Wie muss das Umfeld dieser Dienstleistung beschaffen sein, damit es als angenehm empfunden wird? Genauso verfahren Sie mit der Dimension „Zuverlässigkeit". Was müssen Ihre Dienstleistungserbringer wissen, wie müssen sie sich verhalten, damit sie als zuverlässig eingestuft werden? Mit den weiteren drei Dimensionen – Reaktionsfähigkeit, Leistungskompetenz und Einfühlungsvermögen – verfahren Sie genauso.

2 **Merkmale festlegen.** Sobald Sie die einzelnen Dimensionen etwas kennen gelernt haben, können Sie sich daran machen, überprüfbare Merkmale festzulegen – wieder am besten an einem Beispiel. Wenn sich etwa unter „Zuverlässigkeit" herausgestellt hat, dass Ihre Dienstleistungserbringer in einem besonderen Gebiet spezielles Fachwissen benötigen, dann könnte ein überprüfbares Merkmal sein, dass alle Erbringer der Dienstleistung X einen ganz bestimmten Kurs absolviert haben müssen. Auf diese Weise erhalten Sie objektive Kriterien, welche die Qualität Ihrer Dienstleistungen greifbar machen und von den individuellen Eigenschaften des Dienstleistungserbringers entkoppeln.

3 **Pflichtenheft erstellen.** Wenn Sie innerhalb jeder der Dimensionen einige überprüfbare Merkmale gefunden haben, dann haben Sie damit das Pflichtenheft Ihrer Dienstleistung erstellt. Verwenden Sie es, um eine Leistungserbringung auf konstant hohem Niveau zu verwirklichen.

Die notwendige Qualität Ihrer Leistungen wird allein von Ihren Kunden bestimmt.

Wenn Sie eine Urlaubsreise mit einem bestimmten Preis-Leistungs-Verhältnis suchen, würden Sie sich dann eine viel billigere und schlechtere einreden lassen? Oder würden Sie, weil die von Ihnen gesuchte Leistung nicht verfügbar ist, gar den Preis für eine viel höhere Kategorie zahlen? Und dabei Services mit bezahlen, die Sie nicht brauchen und nicht wollen? Wohl kaum. Sie wissen vor einem Einkauf zumindest in groben Zügen, was Sie möchten. Dazu gehört auch, dass Sie eine bestimmte Vorstellung von der Qualität haben, die Sie erwerben möchten.

Daraus folgt, dass die Qualität einer Leistung nicht unbedingt so groß wie möglich sein muss. Sie kann zu niedrig, aber auch zu hoch sein. Im Sinn der Kundenorientierung geht es immer darum, *genau die richtige Qualität* anzubieten. Welche das ist, entscheiden letzten Endes immer Ihre Kunden. Sie möchten keine Leistung, die eine viel höhere Qualität bietet und das Doppelte kostet. Sie möchten auch keine billigere Leistung und dafür Abstriche in der Qualität in Kauf nehmen. Sie möchten genau das bekommen, was ihren Erwartungen entspricht. Qualität ist also nichts anderes, als die Beschaffenheit der Leistungen auf den von Ihren Kunden geforderten Level zu erbringen. Dieser Level nennt sich *Kunden-Anforderungsniveau.* Dieses Anforderungsniveau Ihrer Kunden ist keine konstante Größe, sondern es ändert sich im Laufe der Zeit mit den Bedürfnissen Ihrer Kunden und mit den Verhältnissen am Markt. Daher müssen Sie das Anforderungsniveau in regelmäßigen Abständen erheben und in Qualitätsmerkmalen ausdrücken. Diese Vorgaben setzen Sie ein, um Ihre Leistungserbringung den Wünschen Ihrer Kunden anzupassen.

Um die qualitativen Vorgaben Ihrer Kunden in der Praxis umzusetzen, müssen Sie Ihre Mitarbeiter motivieren, den definierten Qualitätslevel auch einzuhalten. Das dafür notwendige Bewusstsein für Qualitätssicherung wird sich bei Ihren Mitarbeitern am besten dann entwickeln, wenn Sie es nicht nur vorgeben, sondern entsprechend vorleben. Klären Sie Ihre Mitarbeiter darüber auf, was Qualität ist und welche Möglichkeiten sie haben, an der Verwirklichung der passenden Qualität zu arbeiten. Geben Sie ihnen immer wieder Feedback zu ihrer Qualitätsarbeit – Sie fördern damit die Konsequenz Ihrer Mitarbeiter.

Gehen Sie also dazu über, Ihren Kunden genau das zu verkaufen, was sie wollen. Erheben Sie regelmäßig die aktuell geforderte Qualität und holen Sie sich damit die entscheidenden Hinweise für Ihre Leistungsgestaltung. Sie erfahren, wo Sie einsparen können und wo Sie das Niveau anheben müssen. Wenn Sie auch noch Ihre Mitarbeiter mit Qualitätsarbeit vertraut machen, führt das zu einer optimalen Orientierung Ihrer Leistungen an den Wünschen Ihrer Kunden. Ihre Absätze werden signifikant steigen.

Anwendung:

1 **Vorhandene Informationsquellen nützen.** Im Zuge Ihrer Leistungserbringung fällt eine Unmenge an Informationen an, die Aussagen über das Anforderungsniveau Ihrer Kunden enthalten. Träger dieser Informationen werden zumeist Ihre Mitarbeiter sein. Sie wissen aus ihrer Praxis aus erster Hand, was Ihre Kunden wollen und was nicht. Ihre Mitarbeiter sind daher mit Abstand die beste Informationsquelle für Kundenanforderungen – Sie müssen sie nur nützen. Dafür können Sie zum Beispiel ein Vorschlagswesen einrichten oder einfach regelmäßige Besprechungen abhalten.

2 **Neue Informationsquellen einrichten.** Darüber hinaus können Sie gezielt weitere Quellen einrichten, die Ihnen helfen, die Anforderungen Ihrer Kunden zu erkennen. Laufende Umfragen, ein gut funktionierendes Beschwerdesystem oder regelmäßig verwendete Bewertungsbögen stellen Instrumente dar, die Ihnen Einblicke in die Welt Ihrer Kunden verschaffen.

3 **Leistungsgestaltung ausrichten.** Alle diese Informationen helfen Ihnen aber nicht, solange Sie diese nicht in die Gestaltung Ihrer Leistungen einbeziehen. Stellen Sie daher sicher, dass jene Personen, die in Ihrem Unternehmen die Leistungen gestalten, in den hier beschriebenen Prozess der Informationsgewinnung einbezogen sind. Damit erreichen Sie, dass das wachsende Wissen der Leistungserbringer über die Kundenanforderungen automatisch zu einem Faktor der Leistungsgestaltung wird.

Je mehr Aspekte Sie in Ihre Preisbildung einbeziehen, umso bessere Chancen haben Sie auf optimale Erträge.

Jede Leistung hat ihren Preis. Es kommt aber nur sehr selten vor, dass das Entgelt für eine Dienstleistung tatsächlich als Preis bezeichnet wird. Die Bahn weist Tarife aus, die Post hat ihr Porto, der Anwalt stellt ein Honorar in Rechnung, Makler beziehen Provisionen und Ämter verrechnen Gebühren. Andere gängige Begriffe sind Entgelt, Entschädigung, Abgeltung, Kostenersatz, Teilnahmegebühr usw. Der Begriff Preis aber wird wie der Teufel gemieden. Warum? Nun, die Leistung eines Menschen mit einem Preis zu versehen, würde in unserem Kulturkreis unangenehme Assoziationen hervorrufen – sowohl auf Seiten des Anbieters als auch auf Seiten des Abnehmers. Indem man den Begriff Preis umgeht, verhindert man, die Leistung eines Menschen allzu offensichtlich zur Ware zu machen. Stolz, Autonomie und Selbstwertgefühl bleiben so gewahrt. Dass beim Verkauf von Dienstleistungen solche menschlichen Werte überhaupt im Spiel sind, ist ein wichtiger Hinweis: Im Dienstleistungsmarketing ist es von grundlegender Bedeutung, dem hohen Personenbezug Rechnung zu tragen.

Dass man eine Dienstleistung mit keinem Preis versehen darf, sondern Honorare und Entgelte in Rechnung stellen muss, ist ein wichtiger Teilaspekt der Preisbildung. Was auf alle Fälle ebenfalls einbezogen werden muss, ist die Frage, was die Leistung dem Kunden wert ist. Mit anderen Worten, was ist ein Kunde bereit zu zahlen, damit ein bestimmtes Bedürfnis befriedigt wird? Was ist es ihm zum Beispiel wert, seiner Bequemlichkeit nachzugeben und ein Gerät nicht selbst herumzuschleppen und aufzubauen? Was darf es kosten, damit alles ordnungsgemäß eingerichtet ist und er sich sicher fühlen kann? Um Antworten in diesen Kernfragen zu finden, hilft nur eines: Die Beschäftigung mit den Bedürfnissen der Kunden. Diese Auseinandersetzung ist von zentraler Bedeutung für viele Aspekte des Dienstleistungsmarketings – und somit natürlich auch für die Preisbildung. Bei neuen Dienstleistungen ist es leider oft der Fall, dass die Preisbereitschaft nicht vorab erfragt werden kann.

Kunden können erst nach dem „Erleben" einer neuen Dienstleistung sagen, was ihnen diese Leistung wert ist. In diesen Fällen helfen nur Versuche.

Ein weiterer, sehr wichtiger Aspekt der Preisbildung bei Dienstleistungen ist die Kommunikationswirkung des Preises. Jeder Preis stellt eine Aussage über eine Leistung dar. Ist er hoch angesetzt, wird angenommen, dass die Leistung von hoher Qualität ist. Ist der Preis niedrig, wird auf eine niedrigere Qualifikation geschlossen. Dieser Umstand spielt vor allem bei spezialisierten Dienstleistungen eine Rolle, deren Bewertung sich dem Kunden entzieht. Indem der Kunde die Qualität der Leistung selbst nicht bewerten kann, zieht er als Ersatzkriterium unter anderem den Preis heran.

Bei der Festlegung eines Dienstleistungspreises sind also mehrere Aspekte zu berücksichtigen. Die Kommunikationswirkung des Entgelts, der Wert Ihrer Leistung aus Kundensicht und der hohe Personenbezug sind nur einige Beispiele. Fallen Sie daher nicht der Versuchung anheim, Ihre Dienstleistungspreise zu rasch und nur über den Daumen festzulegen, womöglich mit Ihrem Mitbewerb als einziger Informationsquelle. Gehen Sie besser den Weg, der Ihnen maximale Erträge bringen wird: berücksichtigen Sie alle Faktoren, die eine Rolle spielen.

Anwendung:

1   **Versuchspreise festlegen.** Sie können dieses Verfahren verwenden, um sich mehr Klarheit über Ihre Möglichkeiten in der Preisgestaltung für eine bestimmte Dienstleistung zu verschaffen. Legen Sie dazu einen Preis P fest, der Ihnen für diese Dienstleistung als „richtig" erscheint. Legen Sie einen weiteren Preis P_{Max} fest, der weit darüber liegt und den Sie für unrealistisch hoch halten. Wählen Sie auch einen Preis P_{Min}, der weit unter P liegt und der Ihnen sehr niedrig erscheint. Sie haben nun Ihr Set an Versuchspreisen: P_{Min}, P, P_{Max}.

2   **Versuchspreise testen.** Gehen Sie nun die folgenden Fragen für jeden der drei Preise durch. Erst für P, dann für P_{Max} und schließlich für P_{Min}. Notieren Sie Antworten, am besten in einer Tabelle.

- Wie viel meiner Leistung kann ich zu diesem Preis innerhalb eines Jahres absetzen?
- Wie viel meiner Leistung müsste ich zu diesem Preis absetzen, damit ich Kostendeckung erreiche?
- Liegt dieser Preis gleich, unter oder über dem Wert, den Kunden aus meiner Leistung beziehen?
- Bietet meine Leistung zu diesem Preis ein gleiches, schlechteres oder besseres Preis-Leistungs-Verhältnis als mein Mitbewerb?
- Stimmt dieser Preis mit der Identität meines Unternehmens überein – ist er passend, zu hoch oder zu niedrig?

3 **Preis festlegen und testen.** Wenn Sie den 2. Schritt für alle drei Versuchspreise (P_{Min}, P, P_{Max}) durchgeführt haben, konnten Sie wahrscheinlich einen guten Überblick über die mögliche Ertrags- und Erlössituation gewinnen. Möglicherweise wurden Sie auch mit der einen oder anderen Überraschung konfrontiert, mit der Sie nicht gerechnet haben. Auf alle Fälle werden Sie jetzt einen „vorläufigen" Preis festlegen können, der einigen Bestand am Markt haben wird. Als „vorläufig" sollten Sie ihn deshalb betrachten, da Sie diese Überlegungen für eine neue Dienstleistung nach einem Jahr wiederholen sollten – mit allen Informationen, die Sie in der Zwischenzeit über die Kunden Ihrer Leistung gewonnen haben werden.

Wenn Ihre Kunden ein Ventil für Beschwerden haben, müssen sie nicht den Anbieter wechseln.

Für einen Kunden gibt es nichts Lästigeres, als wenn seine Erwartungen grob enttäuscht werden. Möglicherweise haben auch Sie schon erlebt, dass eine Dienstleistung nicht in dem Umfang oder nicht auf die Art und Weise erbracht wurde, wie Sie es erwartet hatten. Daher wissen Sie auch, dass man als Kunde mit solchen Enttäuschungen ein doppeltes Problem hat. Man hat nicht nur nicht das bekommen, was man erwartet hat, man muss sich auch noch auf der persönlichen Ebene damit auseinander setzen. Vielleicht sieht man sich mit Ärger konfrontiert, vielleicht fühlt man sich hilflos, vielleicht sagt man sich auch, dass es besser ist, die Angelegenheit möglichst rational zu betrachten. In jedem Fall ist es eine Enttäuschung, mit der man irgendwie fertig werden muss.

Kluge Anbieter rechnen mit solchen Pannen in ihrem Angebot und bauen entsprechend vor. Sie wissen, dass ein Kunde eine persönliche Enttäuschung erlebt, wenn etwas nicht seinen Erwartungen entspricht. Und für solche Enttäuschungen bieten sie ein Ventil an. Dieses Ventil hat den Namen *Beschwerdesystem*. Es dient dem Anbieter dazu, im ersten Schritt die Beziehung mit dem Kunden zu retten, und verhilft ihm in weiterer Folge zu einer sachgerechten Lösung. Gut funktionierende Beschwerdesysteme umfassen fünf Stufen:

- Sie regen zur Formulierung von Beschwerden an,
- nehmen die Beschwerden entgegen,
- führen sie einer Bearbeitung zu,
- liefern dem Kunden eine Reaktion und
- werten die gewonnenen Daten aus.

Der nicht unerhebliche logistische Aufwand rechtfertigt sich durch das Potenzial, das in Beschwerden steckt: Wenn Sie es schaffen, durch unbürokratische Abwicklung eine hohe Beschwerde-Zufriedenheit zu erzielen, erringen Sie einen Bonus im Bereich Kundenbindung. Ihr Beschwerdesystem verhindert durch kulante Lösungen unerwünschte Kundenabwanderung. Die extrem schädliche negative Mundpropaganda bleibt aus. Ganz nebenbei erhalten Sie durch Beschwerden auch jede Menge Informationen, wie Sie Ihr Leistungsprogramm modifizieren können, und zwar so, dass es besser dem gegenwärtigen Anforderungsniveau Ihrer Kunden entspricht. Außerdem sind durch die Auswertung von Beschwerden Verbesserungen in der Abwicklung möglich, sodass bestimmte Fehler sich nicht immer und immer wieder ereignen müssen. In Folge bedeutet das für Sie erhebliche Kostenreduktionen.

Laden Sie Ihre Kunden dazu ein, erlebte Mängel zu artikulieren. Vermeiden Sie mit Ihrer Beschwerdebehandlung, dass enttäuschte Kunden stillschweigend zum Mitbewerb abwandern. Nehmen Sie die zweite Chance wahr, die Ihnen in der Form von Beschwerden gegeben wird.

Anwendung:

Wenn Sie Ihr Beschwerdesystem aufbauen, orientieren Sie sich an folgenden fünf Schritten:

1 **Zur Formulierung anregen.** Nichts ist ungünstiger für ein Unternehmen, als wenn Unzufriedenheit nicht ans Tageslicht kommt. Um zu vermeiden, dass Ihre Kunden dann stillschweigend zum Mitbewerb abwandern, müssen Sie Ihre Kunden geradezu einladen, erlebte Mängel zu artikulieren. Geben Sie dabei dem persönlichen Weg gegenüber schriftlichen Formen unbedingt den Vorzug – ein enttäuschter Kunde will nichts „schriftlich einreichen".

2 **Beschwerden entgegennehmen.** Durch den direkten Kundenkontakt bei vielen Dienstleistungen kann die Annahme einer Beschwerde in den meisten Fällen durch die Dienstleistungserbringer selbst erfolgen. Dazu ist es aber notwendig, dass Sie Ihren Mitarbeitern mit Kundenkontakt die benötigten Verhaltensweisen für Beschwerdefälle vermitteln. Im Idealfall reagieren sie freundlich und respektieren die Realität des unzufriedenen Kunden.

3 **Positiv reagieren.** Das bloße Aufnehmen einer Beschwerde hilft oft schon viel. Darüber hinaus ist eine klare Reaktion auf die Beschwerde wichtig, wobei primär die Problemlösung bzw. Wiedergutmachung im Vordergrund stehen sollte.

4 **Beschwerden bearbeiten.** Neben der externen Reaktion sollte eine Beschwerde auch intern einen Veränderungsprozess auslösen. Sie sollten also sicherstellen, dass entsprechende Ablaufprozesse existieren, die als Reaktion auf eine Kundenbeschwerde ausgelöst werden.

5 **Daten auswerten.** Im Rahmen einer Analyse der angefallenen Beschwerden können Sie jene Störungen des Kundenerlebens identifizieren, die den größten Schaden anrichten. Sind sie Ihnen erst einmal bekannt, können sie meist leicht ausgeschaltet werden. Auf diesem Weg erzielen Sie eine laufende Qualitätssteigerung.

Wenn Sie Ihr Unternehmen zu einem Dienstleistungsbetrieb entwickeln möchten, ist programmatisches Vorgehen unerlässlich.

Viele Unternehmen erkennen die Zeichen der Zeit und möchten sich zu Dienstleistungsunternehmen entwickeln. Dieses Vorhaben ist nicht ganz trivial. Vor allem für Unternehmen, die aus Produktion oder Handel stammen, besteht eine Reihe von Eintrittsbarrieren, die sie erst überwinden müssen. Eine der wichtigsten Hürden ist, dass in der Einstiegsphase manchmal einfach nicht genügend Fachkräfte mit dem benötigten Know-how zur Verfügung stehen. Denn Unternehmen, die sich mit Produktion und Handel beschäftigen, kommen mit einer viel geringeren Dichte an Spezialisten aus. Das bedeutet, dass ein solches Unternehmen, das in den Dienstleistungsbereich expandieren möchte, plötzlich vor einem Mangel an Ressourcen stehen kann.

Die Abwicklung von Dienstleistungen im größeren Maßstab erfordert auch völlig andere interne Strukturen, als Handel oder Produktion sie voraussetzen. Diese Unterschiede zeigen sich zum Beispiel in der Auftragsabwicklung oder dem Projektmanagement. Ein weiteres Beispiel bietet die Verwaltung von Ressourcen. Wenn Ihr Unternehmen sich mit Produktion oder Handel beschäftigt, werden Sie Ihre Ressourcen ganz anders managen als in einem Dienstleistungsbetrieb. Eine andere wichtige Hürde, die Sie nehmen müssen, ist die viel zitierte Kundenorientierung. Durch den hohen Personenbezug von Dienstleistungen ist das persönliche Verhalten Ihrer Dienstleistungserbringer besonders wichtig. An Ihre Fachkräfte wird also nicht nur die Anforderung gestellt, fachlich kompetent zu sein, sondern auch noch, im Kundenkontakt professionelles Verhalten an den Tag zu legen. Obwohl Sie diese Lücke relativ leicht mit Ausbildungsmaßnahmen schließen können, kostet das doch Zeit.

Auch Ihr Marketing für Dienstleistungsprodukte muss sich von jenem für Ihre gegenständlichen Produkte unterscheiden. Dienstleistungen haben, im Vergleich zu Waren und Gütern, besondere Merkmale. Wenn sich Ihre Marketingabteilung bislang nur mit der

Vermarktung von Waren beschäftigt hat, wird sie zu wenig Erfahrung mit den Besonderheiten von Dienstleistungen haben und wahrscheinlich erst lernen müssen, wie man diese in der Marktkommunikation berücksichtigt.

Last but not least ist das Wissensmanagement für die Etablierung Ihres Dienstleistungszweigs von Bedeutung. In Unternehmen, die sich mit Produktion und Handel beschäftigen, genügt es meist, wenn spezielles Know-how an den richtigen Stellen konzentriert ist. Ganz anderes gilt, wenn Sie hochwertige Dienstleistungen erbringen möchten: Nun kommt es darauf an, die Know-how-Basis möglichst breit zu halten und föderalistische Kommunikationsansätze zu pflegen.

Wenn Sie also als (eingesessener) Handels- oder Produktionsbetrieb ins Dienstleistungsgeschäft einsteigen wollen, haben Sie es unter Umständen sogar schwerer als ein neu gegründetes Unternehmen. Ihre Mitarbeiter müssen erst alte Gewohnheiten ablegen, die für Handel und Produktion gut und richtig waren, im Dienstleistungsgeschäft aber eher ungünstig sind. Gegen die bestehenden Strukturen, Denk- und Verhaltensmuster kommen Sie mit einer bloßen Willenserklärung nicht an. Die Umwandlung Ihres Unternehmens in einen Dienstleistungsbetrieb erfordert programmatisches Vorgehen. Nur wenn Sie die notwendigen Veränderungen gezielt und systematisch einleiten, wird Ihr Unternehmen am Dienstleistungsmarkt erfolgreich sein.

Anwendung:

1 **Programm beginnen.** Wenn Sie sich in das Abenteuer stürzen möchten, Dienstleistungen zu einem wichtigen Bestandteil Ihrer Geschäfte zu machen, sollten Sie dabei systematisch vorgehen. Stellen Sie ein Programm auf, das Maßnahmen zu den Punkten 2 bis 6 beinhaltet. Definieren Sie Ihre Ziele, legen Sie eine Roadmap fest und versehen Sie Ihre Planung mit Meilensteinen.

2 **Fachkräfte aufbauen.** Sollte sich Ihr Unternehmen bislang ausschließlich mit Produktion und Handel beschäftigt haben, werden Sie möglicherweise nicht genügend Fachkräfte mit der entsprechenden Leistungskompetenz haben, um die von Ihnen

geplanten Dienstleistungen zu erbringen. Ein wichtiger Teil Ihrer Planung wird daher sein, die benötigten Fachkräfte aufzubauen.

3   **Organisation anpassen.** Nehmen Sie Ihre derzeitige Organisation genau unter die Lupe. Sind Sie mit der gegebenen Struktur in der Lage, die geplanten Dienstleistungen zu erbringen? Legen Sie fest, welche organisatorischen Änderungen oder Erweiterungen notwendig sind und sehen Sie diese in Ihrer Planung vor.

4   **Personal ausbilden.** Ermitteln Sie, ob Ihr geplantes Dienstleistungspersonal auch auf der Verhaltensebene für die Erbringung von Dienstleistungen geeignet ist. Denn neben der fachlichen Ebene ist die Verhaltensebene mehr als maßgeblich daran beteiligt, wie Ihre Dienstleistungen und Ihr Unternehmen beurteilt werden. Legen Sie in Ihrer Planung die eventuell notwendigen Ausbildungsschritte fest.

5   **Marketing angleichen.** Überprüfen Sie, ob die Marketingabteilung Ihres Unternehmens mit den Besonderheiten von Dienstleistungen vertraut ist. Sprechen Sie mit Ihrem Marketingpersonal ab, welche Veränderungen gegebenenfalls notwendig wären, und binden Sie diese in Ihre Planung ein.

6   **Know-how-Austausch sicherstellen.** Erfolgreiche Dienstleistungsunternehmen leben von einer breiten Wissensbasis. Überlegen Sie, mit welchen organisatorischen Maßnahmen und Werkzeugen Sie den benötigten Know-how-Austausch sicherstellen können – sowohl intern als auch extern mit Ihren Kunden. In der Praxis sind dafür meist föderalistische Ansätze zu empfehlen. Sehen Sie die notwendigen Maßnahmen in Ihrer Planung vor.

7   **Konsequent umsetzen.** Wenn Sie diese Punkte durchgearbeitet haben und die Planung Ihres Programms fertig ist, beginnen Sie mit der Umsetzung. Stellen Sie sich darauf ein, dass Ihr Erfolg von der Konsequenz abhängt, mit der Sie Ihr Programm verwirklichen.

Sollen Ihre Dienstleistungen über Vertriebspartner abgesetzt werden, ist Co-Producing der stabilste Weg.

Wenn sich Produkte erfolgreich über Wiederverkäufer absetzen lassen, warum nicht auch Dienstleistungen? Wenn Sie es schon versucht haben, werden Sie wahrscheinlich festgestellt haben, dass das nur bedingt möglich ist. Bei manchen stark standardisierten Dienstleistungen funktioniert dieser Weg (wie z.b. bei einer erweiterten Garantie, die als Option eines Kopiergeräts verkauft wird). Aber bei allen anspruchsvolleren Dienstleistungen zeigt der Einsatz von Wiederverkäufern nur geringen Erfolg. Solche Dienstleistungen sind eben keine Produkte, die ein Händler über den Ladentisch reichen kann.

Um einen Weg zu finden, wie es trotzdem funktionieren kann, müssen wir uns kurz an die Funktion von Wiederverkäufern erinnern: Wiederverkäufer kommen genau dann zum Einsatz, wenn der Hersteller eines Produkts den Markt alleine nicht hinreichend betreuen kann. Meistens sind es spezielle Eigenschaften der Vertriebspartner (wie lokale Nähe, besonderes Know-how oder die Orientierung an einer bestimmten Zielgruppe etc.), die vom Hersteller genützt werden. Im Gegenzug nützt der Wiederverkäufer die breite Angebotspalette des Herstellers und seine Marketing-Unterstützung. Erfolgreiche Vertriebsnetze leben also von einer Symbiose zwischen Hersteller und Wiederverkäufer, die in einem sensiblen Gleichgewicht steht. Bei gegenständlichen Produkten ist das Gleichgewicht meist über einen längeren Zeitraum stabil. Bei Dienstleistungs-Produkten sind diese klaren Verhältnisse aber plötzlich eingetrübt. Es ist auf einmal nicht mehr nur der Händler selbst beim Kunden, sondern auch Personal des Dienstleistungs-Erbringers. Es taucht die Frage auf, was denn der Verkauf der Dienstleistungen „wert" ist. Und es bleibt unklar, ob der Endkunde vielleicht Folgegeschäfte direkt mit dem Dienstleistungs-Erbringer abwickelt.

Sollen Dienstleistungen erfolgreich über Wiederverkäufer abgesetzt werden, dürfen also nicht dieselben Vertriebsmethoden zur Anwendung gebracht werden, wie sie bei gegenständlichen Produkten üblich sind. Das gilt umso mehr, je höher Interaktions- und Individualisierungsgrad der jeweiligen Dienstleistung sind.

Die beste Möglichkeit, das im Fall von Dienstleistungen gefährdete Gleichgewicht doch stabil zu halten, heißt Co-Producing. Darunter ist zu verstehen, dass die Dienstleistung von Erbringer und Wiederverkäufer gemeinsam gestaltet und gegebenenfalls gemeinsam erbracht wird. Auf diese Weise ist es möglich, die Interessen von beiden Partnern zu wahren. Der Wiederverkäufer erleidet beim Kunden keinen Kompetenzverlust, da auch er die Dienstleistung mit erbringt. Die Verteilung der Aufgaben und die Kompetenzen beider Partner können genau geregelt werden. Auch die Kostenanteile lassen sich genau bestimmen und faire Regelungen für die Umsatzaufteilung finden.

Wenn Sie Ihre Dienstleistungen über eine Zwischenstufe vertreiben wollen, dann richten Sie Ihr Augenmerk darauf, ein partnerschaftliches Verhältnis mit Ihren Händlern herzustellen. Schaffen Sie eine Vertrauensbasis, erarbeiten Sie gemeinsame Ziele und beziehen Sie die Händler in die Leistungserbringung ein. Damit stellen Sie sicher, dass Ihre Partner motiviert sind, genau Ihre Dienstleistung zu verkaufen.

Anwendung:

1 **Ausgangslage klären.** Wenn Sie tatsächlich überlegen, Ihre Dienstleistungen über Vertriebspartner abzusetzen, stellen Sie zuerst Überlegungen an, wie sinnvoll diese Vorgangsweise wäre. Würde Ihre Dienstleistung von Kunden überhaupt angenommen werden, wenn sie nicht von Ihnen selbst angeboten wird? Lässt das Wesen Ihrer Dienstleistung überhaupt zu, dass sie über Zwischenhändler vertrieben wird? Wenn ja, ist die Dienstleistung in der Lage, überhaupt genug Gewinne für Sie und den jeweiligen Zwischenhändler abzuwerfen?

2 **Zielsetzung festlegen.** Wenn Ihre Dienstleistung die grundsätzlichen Überlegungen im ersten Schritt überstanden hat, dann legen Sie im zweiten Schritt fest, was Sie überhaupt durch das Einschalten einer zusätzlichen Vertriebsstufe erreichen möch-

ten. Geht es Ihnen um größere Flächendeckung, mehr Absatz, die Erschließung weiterer geografischer Gebiete? Wie auch immer Ihre Antwort ausfällt, überlegen Sie, ob Sie dieses Ziel auch ohne Vertriebspartner erreichen könnten. Falls nicht, dann wenden Sie sich dem dritten Schritt zu.

3 **Partnerschaften gründen.** Wenn Sie in den ersten beiden Schritten festgestellt haben, dass die Zusammenarbeit mit Vertriebspartnern sinnvoll ist, dann können Sie beginnen, sich mit den Herausforderungen solcher Partnerschaften vertraut zu machen. Stellen Sie sich dazu einfach die nachfolgenden Fragen. Wenn Sie schon konkrete Personen vor Augen haben, mit denen Sie zusammenarbeiten möchten, wird Ihnen die Beantwortung dieser Fragen leichter fallen:

– Können Sie und Ihr Vertriebspartner ein gemeinsames Ziel definieren?
– Ist Ihr Partner an einer längerfristigen Zusammenarbeit interessiert?
– Ist Ihr Partner interessiert, gegebenenfalls Leistungen gemeinsam zu gestalten?
– Sind Sie bereit, Ihren Partner in die Leistungserbringung einzubeziehen?
– Besteht die beiderseitige Bereitschaft, Know-how weiterzugeben?
– Besteht die beiderseitige Bereitschaft, auch neue Aufgaben zu übernehmen?
– Ist in der Zusammenarbeit eine klare Aufgabenverteilung abzusehen?
– Ist für den Fall der Zusammenarbeit Kosten- und Gewinntransparenz gegeben?
– Wären die geplanten Leistungen für beide Seiten wirtschaftlich?

Der richtige Service-Mix sichert Ihnen langfristige Abnehmerbindungen.

Wir alle wissen aus eigener Erfahrung, dass die totale Perfektion eine Illusion ist. Produkte sind in den seltensten Fällen in der Lage, alle unsere Ansprüche hundertprozentig zu erfüllen. Darum gehen wir praktisch mit jedem Produkt einen Kompromiss ein. Manchmal ist das Design nicht perfekt, ein anderes Mal fehlt dem Produkt eine kleine Funktion. Einmal ist es eine Spur zu groß, ein anderes Mal zu klein. Einmal ist die Beschreibung schlecht, ein anderes Mal wird es in dürftiger Verpackung geliefert. Wir akzeptieren zumeist solche kleinen Mängel und Fehler, weil wir uns bewusst sind, dass wir in einer realen Welt leben. Und wir können das akzeptieren. Wenn ein Produkt im Großen und Ganzen unsere Erwartungen erfüllt, sind wir zufrieden und bleiben dem Hersteller wohlgesonnen. Was uns in Rage bringen kann, ist in vielen Fällen etwas ganz anderes. So zeigen Untersuchungen, dass wir als Kunden fünf Mal eher wegen schlechtem Service den Lieferanten wechseln als wegen mangelhafter Qualität des Basisprodukts. Warum das? Nun, ganz einfach: Mit kleinen Mängeln können wir uns abfinden, nicht aber damit, als Kunden nicht ernst genommen zu werden.

Jedem Anbieter, der mit einem Produkt längerfristig Erfolg haben möchte, kann man als Kunde nur raten, seinen Service-Mix in Schuss zu halten. Der Service-Mix hat den Zweck, mit Hilfe von Dienstleistungen das Basisprodukt abzurunden und zu ergänzen. Welche Leistungen rund um ein spezielles Produkt notwendig sein werden, hängt natürlich stark vom jeweiligen Fall ab. Hier die sechs grundlegenden Kategorien, mit denen Sie die richtigen Serviceleistungen leicht finden werden:

- *Customer-Care* fasst alle Leistungen zusammen, mit denen Sie sich um die Beziehung zu Ihren Kunden kümmern (Beschwerdesysteme, Kundenclubs sowie Anlaufstellen für Fragen und Hinweise).
- *Bereitstellung* ist der Überbegriff für alle Leistungen, mit denen Sie Ihren Kunden dabei helfen, Ihr Produkt zu übernehmen

(einfache Bestellsysteme, Lieferung, Installation, Inbetriebnahme und die Entsorgung von Altprodukten).

- *Finanzierung* steht für die Hilfe, die Sie beim Erwerb Ihres Produkts geben (Mietangebote, Ratenvereinbarungen, Leasingfinanzierungen und die Inzahlungnahme von Altprodukten).
- *Schulung* fasst alle Leistungen zusammen, mit denen Sie Unterstützung zum Einsatz Ihres Produkts geben (Seminare, Tutorials, Computer Based Trainings, Web Based Trainings, FAQ-Listen auf Ihrer Homepage).
- *Gewährleistung* umfasst Leistungen, mit denen Sie das Risiko Ihrer Abnehmer verringern (Produktrücknahmen bei Unzufriedenheit, Garantiezeitverlängerungen sowie kulantes Vorgehen außerhalb der Garantiezeiten).
- *Technischer Kundendienst* schließlich ist der Überbegriff für alle Leistungen, mit denen Sie den problemlosen Einsatz Ihrer Produkte sicherstellen (Wartungen, die Übernahme von Reparaturen, das Verfügbarhalten von Ersatzteilen sowie spezielle Rund-um-die-Uhr-Services sichern Ihre Kunden im laufenden Betrieb ab).

Lassen Sie Ihre Kunden nicht im Regen stehen. Denn Kunden brauchen auch – oder gerade – nach dem Kauf das Gefühl, dass sie Ihnen wichtig sind. Lassen Sie dieses Gefühl bei Ihren Kunden dadurch Wirklichkeit werden, dass Sie ihnen den erwünschten Mix aus Serviceleistungen bieten. Sie stellen damit die Weichen für langfristige Abnehmerbindungen.

Anwendung:

1 **Bestandsaufnahme durchführen.** Erheben Sie, welche Sekundärdienstleistungen Sie zu Ihren Produkten anbieten. In Summe sind diese Leistungen wahrscheinlich umfangreicher, als Sie auf den ersten Blick glauben würden. Denn es werden Leistungen dazu gehören, die Sie bis jetzt gar nicht als Services aufgefasst haben. Deshalb ist es sinnvoll, dass Sie mit diesem Schritt zusammenfassen, was der Erwerb Ihres Produkts für einen Kunden alles mit sich bringt.

2   **Kundenbedarf erheben.** Finden Sie heraus, welche Dienstleistungen von Ihren Kunden rund um Ihr Produkt tatsächlich erwünscht sind. Sie können sich dazu einfach vorstellen, Sie selbst wären Kunde Ihrer Produkte – was würden Sie dann für Services erwarten? Noch besser ist allerdings, Sie sprechen darüber mit einigen Ihrer Kunden. Die wissen schließlich am besten, was sie sich erwarten.

3   **Sekundärleistungen anpassen.** Vergleichen Sie Ihre Ergebnisse aus den Schritten eins und zwei und ziehen Sie Ihre Konsequenzen. Sie werden vielleicht feststellen, dass Sie bisher einige Services anbieten, die fast gar nicht gefragt sind und die Sie getrost streichen können. Andererseits könnten Sie einige Hinweise für neue wichtige Services bekommen haben, mit denen Sie Ihr Produkt besser abstützen können. Wägen Sie ab, welche davon Sie in wirtschaftlicher Weise erbringen können, und modifizieren Sie das Serviceangebot rund um Ihr Produkt.

Innovative Produkte werden am schnellsten angenommen, wenn Sie drum herum ein Sicherheitsnetz aus Dienstleistungen knüpfen.

Gelegentlich tauchen auf dem Markt echte Innovationen auf. So werden alle Produkte bezeichnet, die etwas grundlegend Neues bieten. Seit ein paar Jahrzehnten finden die meisten dieser Innovationen im Technologiebereich statt. Personalcomputer, Mobiltelefone und computergesteuerte Autos sind Beispiele für Neuerungen, die in den vergangenen Jahren ihren Weg in unsere Betriebe und Haushalte gefunden haben. Bevor sie sich bei der breiten Masse durchgesetzt haben, waren sie relativ unbedeutende Konzepte. Ihre Zukunft war offen und unbestimmt. Und genauso gibt es auch heute Innovationen, deren Zukunft noch in den Sternen steht. Ob sich eine dieser Innovationen durchsetzen wird oder nicht, hängt zu einem großen Teil davon ab, ob sie echten Nutzen stiftet. Aber ein anderer Faktor ist ebenfalls wichtig und kann sehr gut gesteuert werden – wie rasch eine wirklich nützliche Innovation sich durchsetzt.

Überprüfen Sie: wie ist Ihr eigenes Kaufverhalten bei Innovationen? Die meisten von uns verhalten sich eher vorsichtig. Weniger deshalb, weil Innovationen misstraut wird, sondern mehr aus Erfahrung. Wir wissen, dass junge Produkte oft noch nicht ausgereift sind. Wir wissen auch, dass sie bald eine zweite Generation hervorbringen werden, die weniger Kinderkrankheiten hat. Und wir haben erlebt, dass die Preise für innovative Produkte mit der Zeit drastisch fallen. Diese Erfahrungen statten uns mit einer gewissen Zurückhaltung aus. Zu den ersten Käufern werden wir nur dann gehören, wenn die Innovation für uns einen außergewöhnlichen, überwältigenden Nutzen hat. Und selbst dann werden wir Vorsicht walten lassen.

Was also ist für Sie als Anbieter einer Innovation im Marketing zu tun? Ganz einfach, Sie können das Risiko Ihrer ersten Abnehmer gezielt minimieren. Zu diesem Zweck knüpfen Sie rund um Ihre Innovation ein Sicherheitsnetz aus Dienstleistungen. Je enger die Maschen sind, umso rascher werden Sie das Vertrauen Ihrer ersten Abnehmer gewinnen. Sie können zum Beispiel einfach nachweisen, dass Ihre Innovation hält, was sie verspricht. Das beste Mittel dafür sind *Referenzen*. Sie führen Ihrem Kunden damit den Nutzen Ihrer Neuerung vor Augen und beweisen ihm, dass es schon andere gibt, die bereits erfolgreich damit arbeiten. Sie werden auch gut daran tun, im Vorfeld Ihrer Innovation *Einstiegsleistungen* zu bieten: Workshops, Präsentationen oder Schnupperkurse helfen Ihren Interessenten dabei, sich mit Ihrer Innovation vertraut zu machen. Wenn es sich bei Ihrer Neuerung um ein komplexes technisches Produkt handelt, können Sie auch Leistungen anbieten, welche die *Übernahme in die Praxis* sichern. Sie können Ihr Sicherheitsnetz auch mit *Gewährleistungen* und *Rücknahmeverpflichtungen* abrunden. Entscheidend ist, dass Sie alles erdenkliche anbieten, um das von Ihren ersten Abnehmern wahrgenommene Risiko zu minimieren.

Weben Sie also ein Sicherheitsnetz für Ihre Kunden. Je rascher Sie auf diese Weise Ihre ersten Abnehmer überzeugen, umso schneller wird sich Ihre Innovation auf dem Markt durchsetzen. Damit bauen Sie einen Zeitvorsprung vor möglichen Nachahmern auf. Sie erhalten dadurch einen auf Jahre wirksamen Wettbewerbsvorteil.

Anwendung:

1 **Status der Innovation klären.** Ist Ihr Produkt überhaupt eine echte Innovation? Oder, anders gesagt, handelt es sich nur um die verbesserte Kopie eines bereits bestehenden Konzepts? Dann ist es entweder eine Marktinnovation (das ist die Erweiterung eines vom Markt bereits angenommenen Konzepts) oder eine Imitation (das ist die pure Nachahmung eines vom Markt bereits angenommenen Konzepts). In solchen Fällen ist das von Kunden wahrgenommene Risiko wesentlich niedriger als bei echten Innovationen.

2 **Das wahrgenommene Risiko feststellen.** Ermitteln Sie genau, um welche Themen sich die Sorgen Ihrer möglichen Abnehmer drehen. Vielleicht wird befürchtet, dass Ihr Produkt zu komplex ist, um leicht übernommen werden zu können. Vielleicht fragt man sich, ob zu viele Abläufe an das Produkt angepasst werden müssen. Oder man befürchtet vielleicht, dass Ihre Innovation

noch nicht ausgereift ist. Am besten, Sie sprechen mögliche
Abnehmer direkt auf das von ihnen empfundene Risiko an.

3 **Dem Risiko gezielt entgegenwirken.** Wenn Sie genau wissen,
worin das wahrgenommene Risiko rund um Ihre Innovation
besteht, können Sie darangehen, Ihre Abnehmer dagegen abzu-
sichern. Entwerfen Sie ein Sicherheitsnetz aus Dienstleistungen,
das Ihre Kunden gegen die wichtigsten Befürchtungen schützt.
Machen Sie dieses Sicherheitsnetz zum fixen Bestandteil Ihres
Angebots.

1.3 Bewerbung von Dienstleistungen

In der Bewerbung Ihrer Dienstleistungen bestimmen drei Parameter das praktische Vorgehen.

Dienstleistung ist nicht gleich Dienstleistung. Unter einem sehr dehnbaren Überbegriff wird vieles zusammengefasst: vom Postverkehr bis zur Autoreparatur, vom Haarschnitt bis zum Computertraining, von der Flugreise bis zur Unternehmensberatung. Die Vielfalt ist einfach enorm. Die meisten Marketingtechniken im Dienstleistungsbereich beziehen sich aber jeweils auf eine bestimmte Gruppe von Dienstleistungen. Was für EDV-Dienste gilt, muss noch lange nicht für Finanzdienstleistungen gelten. Wie also können Sie Ihre eigenen Dienstleistungen mit anderen vergleichen und lernen, was wirkt? Worin bestehen die Unterschiede? Gibt es Dienstleistungen, die Sie gleich bewerben können, oder sind alle verschieden?

Die beste Antwort auf diese Fragen liefert eine einfache Typologie: Sie beruht auf drei Größen, mit denen Sie jede Ihrer speziellen Dienstleistungen charakterisieren können:

- Der *Immaterialitätsgrad* bezieht sich auf das Ergebnis Ihrer Dienstleistung. Wenn Sie im Rahmen Ihrer Dienstleistungen spezielle Anlagen zusammenbauen, liefern Sie ein gegenständliches Ergebnis, das Ihre Kunden angreifen können. Es bleibt als dauerhaftes Ergebnis Ihrer Dienstleistung sichtbar. Ist Ihre Dienstleistung aber zum Beispiel eine Beratung, so bleibt sie weitgehend ohne materielles Ergebnis. In solchen Fällen sollten Sie Ersatz für die fehlende Gegenständlichkeit schaffen.

- Der *Interaktionsgrad* gibt an, wie stark Ihr Kunde in die Erbringung Ihrer Leistungen einbezogen wird. Er ist zum Beispiel bei einer Schulung sehr hoch, während er beim Versand eines Paketes sehr niedrig ist. Für Zwecke der Vermarktung lässt sich notieren: Je höher der Interaktionsgrad Ihrer Dienstleistung, umso besser können Sie die Leistung selbst für Marketingzwecke einsetzen.

- Der *Individualisierungsgrad* kennzeichnet, wie stark Ihre Leistung an der jeweiligen Kundensituation ausgerichtet wird. Er ist zum

Beispiel bei einer Beratung hoch, wohingegen präventive War-
tungsarbeiten eine niedrige Individualisierung aufweisen. Auch
dieses Kennzeichen bestimmt die optimale Bewerbung Ihrer
Dienstleistung. Bei hoher Individualisierung steht der persönliche Verkauf im Vordergrund, bei niedriger Individualisierung
können Sie stärker mit Werbung und PR arbeiten.

Ordnen Sie Ihre Leistungen in diesem dreidimensionalen Kontinuum ein. Vielleicht möchten Sie ein Diagramm entwerfen oder diese
Aufgabe nur einfach in Gedanken erledigen. In jedem Fall werden
Sie Ihre Möglichkeiten besser kennen lernen. Sie werden wissen,
welche Leistungen Sie gegenständlich machen werden. Sie werden
erkennen, welche Leistungen Sie zukünftig für Kommunikation
nützen werden. Und Sie werden herausfinden, wann Sie Werbung
und PR einsetzen und in welchen Fällen der persönliche Verkauf am
wichtigsten ist.

Anwendung:

1   **Überblick schaffen.** Schaffen Sie eine grobe Einteilung Ihrer
    Dienstleistungen. Ein Softwarehaus würde zum Beispiel die vier
    Leistungskategorien Beratung, Individualprogrammierung, Ins-
    tallation und Support wählen. (Sollten Sie nur eine Art von
    Leistungen anbieten, arbeiten Sie mit dieser einen Kategorie
    weiter.)

2   **Leistungen kennzeichnen.** Führen Sie eine Kennzeichnung Ih-
    rer Leistungskategorien durch. Hierfür können Sie etwa eine
    Tabelle aufstellen und zu jeder Leistungskategorie notieren, wie
    stark Immaterialität, Interaktion und Individualisierung ausge-
    prägt sind. Vergeben Sie dabei zum Beispiel die Kennzeichen
    niedrig, mittel und stark. Für die oben erwähnte Softwarefirma
    könnte das Ergebnis in etwa so aussehen:

	Immateriali- tät	*Interak- tion*	*Individuali- sierung*
Beratung	hoch	hoch	hoch
Programmierung	niedrig	niedrig	hoch
Installation	niedrig	mittel	mittel
Support	hoch	mittel	hoch

3   **Unterschiedlichkeit erkennen.** Das Beispiel der Softwarefirma zeigt, dass nicht alle Leistungen eines Unternehmens gleich behandelt werden können. Die erste Spalte zeigt, dass bei den Leistungen „Beratung" und „Support" Ersatz für das Fehlen eines angreifbaren Endergebnisses geschaffen werden muss. Die zweite Spalte zeigt, dass intensiver Kundenkontakt nur in der Anfangsphase von Projekten (während „Beratung") gegeben ist. Der Kontakt zum Kunden muss also (mit anderen Mitteln als mit den Leistungen selbst) aufrecht erhalten werden. Die letzte Spalte zeigt, dass praktisch alle Leistungen an den jeweiligen Kunden angepasst werden. Das bedeutet, dass der persönliche Verkauf der wichtigste Kommunikationsweg für dieses Unternehmen ist.

Ähnliches werden Sie für Ihr eigenes Unternehmen feststellen. Merken Sie vor, dass es sich um unterschiedliche Leistungen handelt, die unterschiedliche Ansätze in der Bewerbung erfordern. In welcher Form das möglich ist, erfahren Sie im Detail in den nachfolgenden drei Abschnitten.

Bei Dienstleistungen mit hohem Immaterialitätsgrad sollten Sie alles daran setzen, Ihre Leistungen konkret zu präsentieren.

Viele Dienstleistungen produzieren kein angreifbares Ergebnis. Dieser Mangel an Gegenständlichkeit hat eine Reihe von Auswirkungen auf die Kundenwahrnehmung, sowohl vor als auch während und nach der Leistungserbringung. Bleiben wir für einen Moment bei der Kundeneinschätzung vor dem Kauf und betrachten wir als Beispiel eine Dienstleistung, die vielen bekannt sein wird – die Führung durch ein Museum. Bei dem Stichwort „Museumsführung" werden nun die unterschiedlichsten Vorstellungen entstehen. Sie könnten zum Beispiel eine endlose Führung inmitten einer großen Gruppe erwarten, durchgeführt von einem trockenen Führer, der oberflächliche und auswendig gelernte Beschreibungen herunterleiert. Oder Sie könnten mit einer Präsentation durch einen kompetenten Führer rechnen, der Sie auf lebendige Art und Weise über Anekdoten mit ausgewählten Exponaten vertraut macht. Auf jeden Fall hängt die Vorstellung, die Sie bei dem Begriff „Museumsführung" entwickeln, von Ihren persönlichen Erfahrungen ab. Verallgemeinert heißt das, je unspezifischer die Beschreibung einer Dienstleistung ist, umso mehr wird die Vorstellung des Kunden dem Zufall überlassen. Bei Dienstleistungen, die in ein gegenständliches Ergebnis münden (wie zum Beispiel alle Bauarbeiten) ist das nicht so schlimm – in der Kundenwahrnehmung steht bei diesen Leistungen ohnehin das Ergebnis im Mittelpunkt. Bei jenen Leistungen, die ohne ein angreifbares Endergebnis auskommen müssen, ist es aber die Leistung selbst, die der Kunde kauft. Und die Vorstellung, die er vor einem möglichen Kauf entwickelt, sollten Sie gezielt gestalten – das Risiko, dass er sonst eine ungünstige Vorstellung entwickelt, ist einfach viel zu groß. Im Beispiel der Museumsführung bedeutet das, dass der Anbieter sich Gedanken darüber machen sollte, wie er die Leistung möglichst konkret ankündigen und beschreiben kann.

Auch während der Leistungserbringung macht es Sinn, der Immaterialität entgegenzuwirken. Viele Dienstleistungen lassen sich künstlich mit gegenständlichen Ergebnissen versehen. Um bei dem Beispiel der Museumsführung zu bleiben, könnte den Besuchern etwa eine Broschüre oder ein Souvenir mitgegeben werden. Diese angreifbaren Kleinigkeiten machen einen großen Unterschied. Sie geben dem Besucher das Gefühl, etwas von Wert mitzubekommen. Darüber hinaus erinnern sie ihn zu einem späteren Zeitpunkt erneut an die Leistung – was zu Wiederholungen oder Weiterempfehlungen führt.

Denken Sie also bei der Bewerbung und Gestaltung Ihrer Leistungen daran, diese konkret und angreifbar zu machen. Speziell bei Dienstleistungen, die von Haus aus gänzlich immateriell bleiben, werden Sie damit die Wahrnehmung Ihrer Kunden und Interessenten deutlich verändern. Denn alles, was man sich genau vorstellen oder gar angreifen kann, erhält viel schärfere Konturen. Damit erreichen Sie, dass Ihre Kunden vor, während und nach der Erbringung einen wesentlich stärkeren Bezug zu Ihrer Leistung entwickeln.

Anwendung:

1 **Vorstellungen konkretisieren.** Vor dem Kauf einer Dienstleistung stellt sich ein potenzieller Kunde die Frage: „Was werde ich bekommen?" Stellen Sie durch konkrete und sinnlich spezifische Beschreibungen sicher, dass sich die Vorstellung des Interessenten in der richtigen Weise entwickelt und nicht zu viel seiner Fantasie überlassen wird. Beschreiben Sie die Prozesse, die während der Dienstleistung ablaufen, und geben Sie Hinweise auf das zu erwartende Erleben des Kunden.

2 **Bestätigungen generieren.** Während der Inanspruchnahme einer Dienstleistung stellt sich ein Kunde – bewusst oder unbewusst – die Frage: „Ist es das, was ich wollte?" Bauen Sie daher in Ihre Dienstleistung Stellen ein, an denen der Kunde direkt oder indirekt darauf hingewiesen wird, dass die angekündigten Elemente der Leistung jetzt gerade erfüllt wurden.

3 **Positiv erinnern.** Nach einer Dienstleistung werden sich die meisten Kunden fragen: „War es das wert?" Damit diese Frage in für Sie positiver Weise beantwortet wird, können Sie Ihre Leistung mit angreifbaren Zugaben aufwerten, die Ihre Kunden

mitnehmen können. Höchstwahrscheinlich werden sie diese auch eine Zeitlang aufbewahren, denn schließlich haben sie ja dafür bezahlt. Damit ankern Sie positive Erinnerungen an Gegenstände – die Chancen auf Wiederholungskäufe und Weiterempfehlungen steigen.

Bei Dienstleistungen mit hohem Interaktionsgrad ist Ihre Leistung selbst ein wesentliches Kommunikationsmittel.

Rund um gegenständliche Produkte werden wir mit Anzeigen, Radio- und Fernsehwerbung, bunten Katalogen und Postwurfsendungen geradezu bombardiert – die Mittel der *nicht-persönlichen* Kommunikation dominieren. Auch bei manchen Dienstleistungen ist der Einsatz dieser Mittel wichtig, bei vielen gilt allerdings genau das Gegenteil: Um Kunden vom Wert und Nutzen der Dienstleistung zu überzeugen, ist vor allem der *persönliche* Kontakt zu nützen.

Das gilt ganz besonders für Dienstleistungen mit hohem Interaktionsgrad. Bei diesen können Sie die Leistung selbst hervorragend als Kommunikationsweg zum Kunden einsetzen. Da bei solchen Leistungen der Anteil persönlicher Kommunikation naturgemäß sehr hoch ist, spricht alles dafür, diese Zusammentreffen mit dem Kunden auszubauen und regelrecht zu inszenieren. Erfolgreiche Dienstleistungsanbieter nützen diesen Umstand und halten sich an *drei Prinzipien*:

- Erstens wird sichergestellt, dass alle Gelegenheiten beim Kunden aktiv ausgeschöpft werden. Um das zu erreichen, werden alle Mitarbeiter im Dienstleistungsbereich motiviert, ihre Kontakte zur laufenden Bedarfserhebung und Kundeninformation zu verwenden. Es gibt also keine strenge Unterscheidung zwischen Leistungserbringer, Kundenberater oder Verkäufer. Die Verkaufsfunktion wird mehr und mehr dem Leistungserbringer zugeordnet – er ist schließlich in der idealen Position dafür.
- Zweitens wird beim Kunden eine einheitliche Linie verfolgt. Ziel ist, dass der Kunde ein eindeutiges und klares Bild erhält. Denn während bei einem gegenständlichen Produkt das Produkt-Bild ohnehin klar umrissen ist, hat der Kunde bei einer Dienstleistung einen eher diffusen Eindruck. Dieser diffuse Eindruck entsteht durch den Mangel an Greifbarkeit einer Dienstleistung. Aus diesem Grund sind alle Mitarbeiter gut in den wesentlichen Aussagen über das Unternehmen und seine Leistungen ge-

schult. Das führt dazu, dass der Kunde bei allen Kontakten dieselbe Grundbotschaft erhält.

- Drittens sind alle Mitarbeiter gut ausgestattet. Sie haben Blöcke mit Firmenaufdruck, eigene Kugelschreiber, tragen spezielle Firmenkleidung und fahren Fahrzeuge mit Firmenlogos. All das dient dazu, die Glaubwürdigkeit der Mitarbeiter im persönlichen Kontakt zu unterstützen. Sie sind auch reichlich mit Prospektmaterial, Kalkulationsunterlagen, Mustern und dergleichen versehen und daher in der Lage, ihren Kunden etwas zum Angreifen zu geben. Damit wirken auch sie dem bei Dienstleistungen chronischen Mangel an Greifbarkeit entgegen.

Nützen Sie diese Erfahrungen. Wenn Ihre Dienstleistungen einen hohen Interaktionsgrad aufweisen, dann betrachten Sie diesen Umstand als Geschenk. Nehmen Sie dieses Geschenk an und erkennen Sie, dass alle Kundenkontakte nichts anderes als Verkaufsgespräche sind. Lernen Sie, wie Ihre Außendienstmitarbeiter Bedarfserhebung und Information – natürlich auf unaufdringliche Weise – unmittelbar in die Erbringung Ihrer Dienstleistungen einbauen können. Das führt zu einer Idealsituation: Sie haben ständig eine Verkaufsmannschaft mit hoher Glaubwürdigkeit direkt vor Ort bei Ihren Kunden.

Anwendung:

1 **Passende Situationen finden.** Überlegen Sie, wann bei Ihren Dienstleistungen viel Interaktion auftritt. Das sind all jene Situationen, bei denen es zwischen Ihrem Leistungserbringer und Ihrem Kunden persönlichen Kontakt gibt. Ein paar Beispiele für solche Situationen aus ganz unterschiedlichen Branchen sind: die Übergabe eines Mietautos, ein Beratungsgespräch, die Ankunft in einem Hotel, eine Vorbesprechung zu Handwerkerarbeiten oder die Teilnahme an einem Kurs.

2 **Situationen neu beurteilen.** Beginnen Sie, den Wert dieser Situationen zu erkennen. Er liegt darin begründet, dass in Momenten, in denen ein Kunde mit Ihrer Dienstleistung beschäftigt ist, seine Reaktionsbereitschaft sehr hoch ist. Seine Aufmerksamkeit ist voll und ganz beim Erbringer Ihrer Dienst-

leistung. Allem, was er in diesen Situationen wahrnimmt, wird er ganz besondere Aufmerksamkeit schenken.

3   **Situationen nützen.** Fangen Sie an, diese Situationen Schritt für Schritt zu nützen. Da Sie bei diesen Gelegenheiten die volle Aufmerksamkeit Ihrer Kunden haben, kann Ihr Leistungserbringer sehr effizient jede Information vermitteln, die Sie Ihren Kunden geben möchten. Das können natürlich auch Informationen über das weitere Leistungsangebot Ihres Unternehmens sein. Gehen Sie dabei aber vorsichtig vor und übertreiben Sie die Sache nicht – auch wenn Sie Verkaufsinformationen vermitteln, sollten diese den Charakter einer weiteren Serviceleistung haben.

Bei Dienstleistungen mit hohem Individualisierungsgrad ist die Bedarfserhebung das entscheidende Marketinginstrument.

Angenommen, Sie stehen aus beruflichen Gründen vor der Aufgabe, Ihre Kenntnisse einer Fremdsprache aufzufrischen. Um einen passenden Lehrer zu finden, würden Sie sich vielleicht im Bekanntenkreis umhören, Ihre Arbeitskollegen fragen oder im Internet recherchieren. Ihre Entscheidung würden Sie aber auf dieser Basis mit ziemlicher Sicherheit noch nicht treffen. Sie würden erst einen Termin für ein Erstgespräch vereinbaren, um sich einen ersten Eindruck von dem Sprachtrainer zu verschaffen und herauszufinden, ob er der richtige Partner für Sie ist. Nur, wann ist er richtig?

Als richtig werden Sie ihn dann einstufen, wenn Sie den Eindruck erhalten, dass er auf Ihre speziellen Bedürfnisse eingeht, an Ihren aktuellen Wissensstand anknüpft und Ihre Sprachkenntnisse gemäß Ihren Fähigkeiten gezielt weiterentwickelt. Mit anderen Worten, wenn der Sprachtrainer durch sein Verhalten beim Erstgespräch glaubhaft vermitteln kann, dass er sich optimal an Ihre Bedürfnisse anpasst.

So wie in diesem Beispiel verhält es sich im Grunde mit allen Dienstleistungen, die einen hohen Individualisierungsgrad aufweisen. Denn bei Leistungen, die stark an den jeweiligen Kunden angepasst werden müssen, steht für den Kunden vor der Kaufentscheidung immer eine zentrale Frage im Raum: „Passt sich der Anbieter ausreichend an meine Anforderungen an?" Diese Frage wird auf Basis dessen beantwortet, was der Kunde während der Bedarfserhebung erlebt. Werden ihm zu rasch Lösungsvorschläge unterbreitet, so bekommt er unter Umständen das Gefühl, dass nicht ausreichend auf seine speziellen Anforderungen Rücksicht genommen wird. Viel besser ist es, der Bedarfserhebung ausreichend Raum zu geben. Auf diese Weise entsteht nicht nur beim Kunden der Eindruck, dass seine individuellen Vorstellungen berücksichtigt werden. Auch Sie als Dienstleistungsanbieter kommen in eine angenehme Position – Sie wissen exakt, worauf es bei dem jeweiligen Kunden ankommt, und können Ihre Leistung entsprechend anpassen.

Genaue Kenntnis der jeweiligen Kundenanforderungen hilft Ihnen auch beim nächsten Schritt – der Legung Ihres Offerts – ganz entscheidend. Sie sind nach einer ausführlichen Bedarfserhebung automatisch in der Lage, ein individuelles Angebot zu legen, in dem sich Ihr Kunde auf angenehme Weise wiederfindet. Je mehr der Ihnen über den Kunden bekannten Informationen Sie in Ihr Offert einbauen, umso größer wird seine Akzeptanz für Ihre Vorschläge sein.

Bei Dienstleistungen mit hohem Individualisierungsgrad ist also die Bedarfserhebung das Hauptinstrument in der Überzeugung Ihrer Kunden. Und in einer so wichtigen Phase sollten Sie nichts dem Zufall überlassen. Planen Sie diesen Schritt genau und überzeugen Sie Ihre Kunden davon, dass Sie sich optimal auf sie einstellen werden.

Anwendung:

1 **Bedarfserhebung neu bewerten.** Verstehen Sie die Phase der Bedarfserhebung nicht nur als lästige Pflicht, die Sie vor der Leistungserbringung absolvieren müssen. Erkennen Sie, dass für Ihre Kunden die Art und Weise der Bedarfserhebung ein Indikator dafür ist, wie später während der Leistungserbringung mit ihm und seinen Vorstellungen umgegangen werden wird.

2 **Bedarfserhebung strukturieren.** Schaffen Sie für sich und Ihre Mitarbeiter Hilfen, mit denen Sie diese wichtige Phase systematisieren können – zum Beispiel mit Hilfe einer Checkliste. Was genau Sie erheben müssen, hängt natürlich von Ihrer jeweiligen Leistung ab. Hier aber einige Punkte, die in vielen Fällen Bestandteil einer Bedarfserhebung sein werden:

- *Zeitliche Rahmenbedingungen* (Fertigstellung der Arbeiten)
- *Budgetärer Rahmen* (verfügbare Finanzmittel)
- *Ziele* (Was soll mit der Leistung erreicht werden?)
- *Technische Anforderungen* (Was soll/darf nicht zum Einsatz kommen?)
- *Organisation* (Wer muss einbezogen werden?)
- *Beschränkungen* (Wann kann nicht gearbeitet werden?)

Je besser Sie Ihre Kommunikationsmittel aufeinander abstimmen, umso klarer fällt das Bild von Ihren Leistungen aus.

Jedes Unternehmen, das Geld für seine Marktkommunikation ausgibt, möchte damit möglichst viel erreichen: Noch mehr Kunden soll noch mehr verkauft werden. Die Mittel, die für diesen Zweck eingesetzt werden können, sind vielfältig. Werbung in öffentlichen Medien, der Einsatz von Broschüren, aktive Pressearbeit, der Betrieb einer Homepage oder das Training der eigenen Mitarbeiter im Umgang mit Kunden sind nur ein paar Beispiele möglicher Kommunikationsinstrumente. Die meisten Unternehmen setzen mehrere dieser Mittel ein und bilden daraus einen *Kommunikations-Mix.* Dieser Mix hat zum Ziel, bestehende und zukünftige Kunden möglichst oft zu erreichen und auf diesem Weg vom eigenen Angebot zu überzeugen.

Damit Ihr Kommunikations-Mix möglichst wirkungsvoll ist, müssen Sie seine einzelnen Elemente aufeinander abstimmen. Dabei sollten nicht nur die Mittel gut abgewogen sein, auch deren Inhalte müssen aneinander angepasst werden. Es ist notwendig, dass Ihre zukünftigen Kunden immer dieselbe Grundbotschaft erhalten, egal ob sie in einer Broschüre, einer Anzeige oder einem Presseartikel kommuniziert wird. Alles andere wäre verwirrend und dadurch höchst kontraproduktiv. Dieser *Grundsatz der „integrierten Kommunikation"* gilt für Dienstleistungen noch viel mehr als für gegenständliche Produkte. Das ist auch nicht weiter verwunderlich, ist es doch bei Dienstleistungen viel schwieriger, Kunden ein scharfes Produktbild zu vermitteln. Während bei einem konkreten Produkt (zum Beispiel einem Notebook) das Produktbild klar und scharf umrissen ist, hat der Kunde von einem Dienstleistungsprodukt (zum Beispiel einer IT-Beratung) nur einen diffusen Eindruck. Umso wichtiger ist es also für Dienstleistungen, diesem Effekt entgegenzuwirken: Die Integration aller Kommunikationswege und Kommunikationsmittel muss aktiv vorangetrieben werden. Ihre Zielgruppe soll bei allen Kontakten denselben Eindruck von Ihren Leistungen erhalten. Nur so ist es möglich, bei Ihren zukünftigen

Kunden ein Bild von etwas entstehen zu lassen, das sie auch tatsächlich erwerben möchten.

Es gibt eine wesentliche Voraussetzung, damit Sie Ihre Kommunikation integriert betreiben können. Diese Voraussetzung ist eine *klare Marktpositionierung* Ihres Angebots. Eine Positionierung ist eine einfache, grundlegende Aussage über Ihre Dienstleistung. Sie legt fest, in welche geistige Schublade Ihre Dienstleistung von Ihren zukünftigen Kunden gelegt werden soll. Mit anderen Worten, sie definiert die Position Ihrer Dienstleistung am Markt – gegenüber Kunden und Mitbewerbern. Um eine Positionierung für Ihr Dienstleistungsangebot zu finden, müssen Sie drei Fragen beantworten können:

Erstens, wer bildet die Zielgruppe für Ihr Angebot?

Zweitens, warum soll ein Mitglied dieser Gruppe eine solche Dienstleistung überhaupt in Anspruch nehmen?

Drittens, warum sollen diese Leistungen ausgerechnet bei Ihnen erworben werden?

Die Antworten auf diese drei Fragen sind das Material, aus dem Positionierungen gestrickt werden. Es ist dann nur mehr nötig, die Ergebnisse in ein, zwei Sätzen zusammenzufassen. Damit halten Sie die Voraussetzung in der Hand, Kommunikation wirklich integriert betreiben zu können.

Anwendung:

1 **Wer bildet die Zielgruppe für mein Angebot?** Die Antwort auf diese Frage legt fest, für welchen Personenkreis die Positionierung gelten soll. Falls Sie die Zielgruppe für Ihre Dienstleistungen nicht schon lange festgelegt haben – jetzt ist der richtige Zeitpunkt dafür.

2 **Warum soll ein Mitglied der Zielgruppe eine Dienstleistung dieser Art in Anspruch nehmen?** Diese Frage zielt darauf ab, warum so eine Leistung überhaupt (nicht unbedingt von Ihnen) erworben werden soll. Das führt unweigerlich zu den menschlichen Motiven, die den Kauf dieser Art von Dienstleistungen motivieren. Mögliche Antworten sind eine Kostenersparnis, die Erleichterung der eigenen Arbeit, der Erwerb von Sicherheit, das

Knüpfen von Kontakten, der Erhalt der Gesundheit oder die Bestätigung des Selbstwerts.

3 **Warum soll ein Mitglied der Zielgruppe die Dienstleistung ausgerechnet von Ihnen erwerben?** Sobald Sie die Antwort auf diese Frage gefunden haben, halten Sie die wichtigste Abgrenzung gegenüber Ihren Mitbewerbern in der Hand. Sie zu kennen ist vor allem dann wichtig, wenn die Dienstleistung keine Innovation darstellt und im Grunde auch von einem anderen Anbieter in Anspruch genommen werden kann.

4 **Positionierung zusammenführen.** Aus den Antworten auf die Fragen 1 bis 3 können Sie in ein, zwei Sätzen eine Zusammenfassung Ihrer Positionierung formulieren. Sie sollte aussagen, an wen Sie sich wenden, warum diese Menschen solche Leistungen überhaupt kaufen und warum ausgerechnet von Ihnen.

Diese Kurzfassung dient Ihnen in Zukunft dazu, alle Kommunikationsmittel aufeinander abzustimmen und gleich auszurichten.

5 **Alle Kommunikation danach ausrichten.** Was auch immer Sie im Kommunikationsbereich unternehmen, jedes Mittel, jede Aussage sollte Ihre Positionierung widerspiegeln oder zumindest mit ihr konform gehen.

Konsequente Wiederholung ist eines der besten Mittel, um Interesse und Vertrauen Ihrer Zielgruppe zu gewinnen.

Wie haben Sie sich eigentlich, als Sie noch zur Schule gingen, diese umfangreichen Lerninhalte angeeignet? Erinnern Sie sich doch einmal: Bestimmte Inhalte mussten Sie nur ein einziges Mal hören oder sehen und schon hatten Sie sich diese gut eingeprägt. In solchen Fällen ist es Ihnen gelungen, den Inhalt besonders zu markieren – eine Eselsbrücke, eine sehr einleuchtende Vorstellung oder ein herausragender Gedanke haben Ihnen geholfen, sich den Stoff leicht zu merken. In den meisten anderen Fällen aber, vor allem bei Themen, die nicht unbedingt Ihren Lieblingsfächern angehörten, mussten Sie auf ein einfaches und bewährtes Prinzip zurückgreifen: Wiederholen, Wiederholen und noch einmal Wiederholen.

Sie fragen sich jetzt vielleicht, was das mit Neukundengewinnung zu tun hat. Nun, einfach alles. Denn Werbung besteht zu einem großen Teil darin, bei potenziellen Kunden einen Lernprozess einzuleiten. Da Sie in den seltensten Fällen damit rechnen können, dass Sie mit Ihrem Angebot von Haus aus auf großes Interesse stoßen werden, müssen Sie den altbewährten Weg wählen: oftmaliges Wiederholen der Inhalte. Es ist also am besten, Sie stellen sich Ihre Zielgruppe als eine lebhafte Schulklasse vor, die mit ihrem Interesse überall anders als bei Ihren Lernbotschaften ist. Wenn Sie es schaffen, zumindest für kurze Augenblicke das Interesse Ihrer Schüler zu wecken, und dann Ihre Botschaft transportieren, sind Sie auf dem richtigen Weg. Vorausgesetzt, Sie wiederholen Ihre Aussage oft genug, damit sie auch hängen bleibt.

Potenzielle Kunden müssen also oft genug erreicht werden, bis sich ein positiver Effekt im Absatz einstellt. Ein wesentlicher Aspekt ist daher, genügend Ausdauer aufzubringen, bis sich Ihre Kommunikationsmaßnahmen tatsächlich in Erträgen niederschlagen. Denn eine Information muss viel öfter als nur ein Mal aufgenommen werden, bis ein Kunde den Kauf in Erwägung zieht. Erschwerend kommt noch dazu, dass sich die Dauer einer Kampagne zeitlich nicht beliebig abkürzen lässt. Damit sich beim Kunden Vertrauen bildet, müssen die Kontakte über einen ausreichend langen Zeitraum erfolgen. Daraus ergibt sich auch, dass es einiger Investitionen bedarf, bis Sie mit Ihrer Kommunikation ein Ergebnis erzielen. Und Ihre Investitionen werden erst nach einer gewissen Vorlaufzeit Erträge zeigen. Geben Sie zu früh auf oder lassen Sie sich zu abrupten Änderungen in Ihrer Werbebotschaft hinreißen, bedeutet das die Aufgabe Ihrer Investitionen. Schließlich und endlich ist Kontinuität gefragt. Ihre Kernaussage muss über einen längeren Zeitraum beibehalten werden. Krasse Änderungen kommen einem Neubeginn gleich. Sollten Variationen notwendig sein, führen Sie diese langsam durch und bauen Sie immer auf dem alten Bild auf.

Stellen Sie sich darauf ein, dass das Erschließen einer neuen Zielgruppe ein Prozess ist. Ihr wichtigstes Mittel in diesem Prozess ist die beständige Wiederholung. Damit erreichen Sie, dass Ihre Botschaften wahrgenommen und mit der Zeit auch geglaubt werden. Halten Sie daher durch. Bleiben Sie bei dem, womit Sie begonnen haben. Wenn Sie eine Kampagne starten, sorgen Sie für Kontinuität und geben Sie sich mindestens drei bis sechs Monate, bis sich Ihre Maßnahmen nachhaltig in Verkäufen niederschlagen.

Anwendung:

1   **Zielgruppe klären.** Wie bei so vielen Marketingüberlegungen ist es auch bei dieser entscheidend, dass Sie Ihre Zielgruppe kennen. Also, falls Sie es noch nicht getan haben, fassen Sie sich ein Herz und definieren Sie den Personenkreis, den Sie mit Ihren Leistungen aktiv ansprechen werden.

2   **Kontaktchancen finden.** Überlegen Sie, bei welchen Gelegenheiten und mit welchen Mitteln Sie Ihre Zielgruppe ansprechen können. Vielleicht könnten Sie Veranstaltungen nützen, sie mit einem Newsletter regelmäßig anschreiben, ihnen zu Feiertagen eine Grußkarte zusenden, Telefonmarketing einsetzen oder auch redaktionelle Beiträge und Anzeigen in Zeitschriften unterbringen. Wichtig ist, dass Sie eine möglichst große Anzahl von Möglichkeiten finden, aus denen Sie auswählen können.

3   **Plan aufstellen.** Stellen Sie aus diesen Möglichkeiten einen Plan zusammen, mit dem Sie beständig über einen längeren Zeitraum Kontakte mit Ihrer Zielgruppe erzeugen. Bei diesen Kontakten wird Ihre Zielgruppe an Sie erinnert und wiederholt über Ihr Angebot informiert.

4   **Durchhalten.** Ziehen Sie diesen Plan durch. Wenn Sie es schaffen, über einen Zeitraum von, sagen wir, einem Jahr jeden Monat einen Kontakt mit den Mitgliedern Ihrer Zielgruppe zustande zu bringen, dann werden sich Erfolge mit Garantie einstellen.

Mit dem Einsatz von Kampagnen steigern Sie die Wirksamkeit Ihrer Kommunikationsmittel drastisch.

Kampagne ist ein großes Wort. In seiner ursprünglichen Bedeutung leitet es sich aus dem Französischen ab, wo *campagne* unter anderem „flaches Land", „Feldzug" und „Arbeitsjahr" bedeutet. In der deutschen Sprache wird das Wort gerne verwendet, um umfangreiche Werbefeldzüge zu beschreiben. Eine Kampagne muss aber nicht unbedingt aus Radio- und TV-Werbung, Plakat- und Kinowerbung bestehen. Auch der kombinierte Einsatz von zum Beispiel einem Mailing, einer Telefonaktion und einer Veranstaltung stellt eine Kampagne dar. Wesentlich ist die Harmonisierung der Mittel, ihre Abstimmung auf ein gemeinsames Kommunikationsziel. Konkret bedeutet das, dass Werbung, Public Relations, der Verkauf und die Leistungen selbst als sich ergänzende Instrumente betrachtet werden, die auf ein gemeinsames Ziel hinarbeiten. Damit Sie dieses Prinzip nützen und beginnen können, einzelne Kommunikationsmittel zu effizienten Kampagnen zu bündeln, sind ein paar Voraussetzungen zu schaffen:

- *Zielgerichtet arbeiten:* Legen Sie erst ein Kommunikationsziel fest und beginnen Sie dann, über die Maßnahmen nachzudenken. Diese Vorgangsweise nennt sich „Objective and Task". Sie führt dazu, dass Sie immer ein klares Zielbild vor Augen haben, aus dem Sie die einzelnen Kommunikationsmaßnahmen ableiten. Objective and Task bewirkt ganz automatisch das für Kampagnen notwendige Maß an Planung.

- *Ergänzungen nützen:* Es ist das Wesen einer Kampagne, dass die einzelnen eingesetzten Mittel einander ergänzen und eine Kette von Kontakten bewirken: Das Mailing kündigt einen Anruf an, am Telefon werden gezielt Termine vereinbart, beim persönlichen Besuch wird präsentiert usw.

- *Eine treibende Kraft etablieren:* Damit Kampagnen funktionieren, ist eine Kraft notwendig, welche die einzelnen Maßnahmen abstimmt und zusammenhält. Es muss also eine Person geben, die das Kommunikationsziel festlegt, die Kampagne entwirft und die Aktionen plant bzw. durchführt. Zu viele Köche verderben in diesem Fall wirklich den Brei. Irgendwo müssen die Fäden zusammenlaufen – und am besten tun sie das bei einer aktiven Person, die den Erfolg der Dienstleistung mit unternehmerischem Geist vorantreibt.

- *Die Leistungen selbst einbeziehen:* Im Gegensatz zu Waren und Gütern erfährt die Reihe der möglichen Kommunikationsmittel bei Dienstleistungen eine Erweiterung. Neben den klassischen Mitteln kommt ein weiterer wichtiger Kommunikationsweg dazu – die Dienstleistung selbst. Denn die Leistungserbringung stellt eine wichtige, bei Dienstleistungen vielleicht sogar die wichtigste Kommunikationsform mit Kunden dar. Tragen Sie dafür Sorge, dass die Leistungserbringung selbst ebenfalls in den Kreis der eingesetzten Kommunikationsmittel einbezogen wird.

Wenn Sie diese Hand voll an Vorschlägen in Ihre Arbeit einbeziehen, wird die Bewerbung Ihrer Dienstleistungen wesentlich wirkungsvoller werden. Die einzelnen Aktionen werden sich ergänzen, ein gemeinsames Ziel verfolgen und dadurch in ihrer Wirkung stärker werden. Sie werden beginnen, Kommunikation als integrierten Prozess aufzufassen, mit dem Sie sehr geradlinig die erwünschten Ergebnisse erreichen.

Anwendung:

1 **Ziel definieren.** Legen Sie konkret fest, was Sie mit Ihrer Kampagne erreichen wollen. Gestalten Sie dieses Ziel so, dass es für Sie selbst überprüfbar bleibt. Zum Beispiel sollten Sie statt „Ich möchte mit der Kampagne Neukunden gewinnen" besser formulieren: „Ich möchte mit der Kampagne bis Dezember X Neukunden für die Dienstleistung Y gewinnen."

2 **Ressourcen ermitteln.** Stellen Sie fest, wer oder was Ihnen dabei helfen könnte, dieses Ziel zu erreichen. Das kann alles Mögliche sein, zum Beispiel ein Geschäftspartner, eine neue Dienstleistung, eine Abteilung Ihres Unternehmens, ein externer Werbepartner, eine Branchenveranstaltung, bestimmte Umstände bei Ihrer Zielgruppe, spezielle Medienkontakte usw. Zu diesen

Ressourcen zählt einfach alles, was Sie im Sinn Ihres Ziels rein theoretisch nutzen können.

3 **In Maßnahmen übersetzen.** Stellen Sie auf Basis dieser Ressourcen einen Katalog möglicher Maßnahmen auf, die Ihnen bei der Erreichung Ihres Ziels helfen können.

4 **Aktionsplan aufstellen.** Finden Sie heraus, welche möglichen Maßnahmen sich besonders gut ergänzen und sich im Sinn einer Kampagne kombinieren lassen. Diese Maßnahmen wählen Sie aus und stimmen Sie im Rahmen eines Aktionsplans ab.

5 **Kampagne umsetzen.** Setzen Sie Ihre Kampagne um. Verlieren Sie dabei nie Ihr Ziel aus den Augen und führen Sie Aufzeichnungen über den Verlauf der Aktionen.

6 **Kampagne auswerten.** Beurteilen Sie im Rahmen Ihrer Auswertung, ob Sie Ihr ursprüngliches Ziel erreicht haben. Vergessen Sie diesen abschließenden Schritt keinesfalls, denn erfolgreiche Kommunikatoren sind besonders gut im Erlernen neuer Fähigkeiten und Fertigkeiten. Sie richten ihr Augenmerk stark darauf, welche Aktionen wirkungsvoll sind und wie man sie noch ausbauen kann. Konzentrieren Sie sich also darauf, jene Kommunikationsmittel und -wege zu finden, die für Ihre Dienstleistungen am wirkungsvollsten sind. Sie können diesen Lernprozess einleiten, indem Sie sich angewöhnen, auch im Rahmen Ihrer Kommunikation laufend Soll-Ist-Vergleiche durchzuführen.

Wenn Ihre Kunden Ihre Dienstleistungen nicht beurteilen können, sollten Sie ihnen bewusst Ersatz dafür bieten.

Sind Sie sich eigentlich ganz sicher über die Qualität Ihres Steuerberaters? Trauen Sie sich zu, ein objektives Urteil über die Leistungen zu fällen, die er in Ihrem Auftrag erbringt? Und wie steht es mit Ihrem Rechtsanwalt? Oder Ihrem Arzt?

Während Sie sich diese Fragen stellen, spüren Sie vielleicht jene Unsicherheit, die unser Urteilsvermögen immer dann mit einem Schleier überzieht, wenn wir es mit spezialisierten Berufsgruppen und Experten zu tun haben. Sie würden möglicherweise antworten: „Nun, ich *glaube*, dass mein Steuerberater gut ist, sonst würde ich nicht mit ihm arbeiten." Aber worauf stützt sich dieser Glaube? Wahrscheinlich leiten Sie Ihre Überzeugung aus Erfahrungen ab, die für Sie verständlich sind: die Überzeugungskraft Ihres Ansprechpartners, sein Einfühlungsvermögen, Referenzen der Firma, die Ausstattung der Geschäftsräume oder das Image des Unternehmens.

Spezialisierte Dienstleistungen, die Fachwissen voraussetzen, werden also vom Kunden auf Umwegen beurteilt. Diesen Umstand können Sie gezielt nützen, wenn Sie die drei Ebenen kennen, auf denen Dienstleistungen bewertet werden:

- Die erste Ebene umfasst die so genannten *Search Qualities*. Das sind alle Kriterien, die Ihr Kunde bereits vor dem Kauf verstehen und vergleichen kann. Bei Dienstleistungen sind derlei Anhaltspunkte relativ dünn gesät, es geht hier zum Beispiel um die Dauer eines Kurses und die angekündigten Inhalte.
- Zur zweiten Ebene gehören die *Experience Qualities*. Wie der Name schon sagt, zählen dazu alle Merkmale einer Dienstleistung, die Ihr Kunde erst nach der Inanspruchnahme beurteilen kann. Die Verständlichkeit eines Kurses, die Zuverlässigkeit von Servicearbeiten oder die Termintreue von Installationsarbeiten sind klassische Experience Qualities. Faktoren dieser Art nehmen großen Einfluss darauf, ob Ihr Kunde wiederkommt oder nicht.

- Dazu kommt noch ein weiterer Maßstab, mit dem Ihre Kunden Ihre Leistungen beurteilen. In diese dritte Ebene fallen die *Credence Qualities*. Hier finden sich alle Faktoren, die Ihr Kunde auch nach der Inanspruchnahme nicht beurteilen kann, weil ihm dazu einfach die Qualifikation fehlt. Credence Qualities spielen vor allem bei spezialisierten Dienstleistungen eine Rolle, die sich dem Verständnis Ihres Kunden entziehen, wie zum Beispiel die Richtigkeit einer ärztlichen Diagnose. Sie werden zu Glaubensfragen (Credence). Als Ersatz zieht Ihr Kunde zur Bewertung andere Parameter heran, die er verstehen kann.

Schaffen Sie Ersatz für das, was Ihre Kunden nicht beurteilen können. Sie bekommen damit die Möglichkeit, gezielt das zu steuern, was Ihre Kunden glauben. Sie brauchen sich dazu nur eine einzige Frage zu stellen: „Welche Faktoren meiner Dienstleistung sind für meine Kunden wichtig, können von ihnen aber auch nach der Inanspruchnahme nicht beurteilt werden?" Sobald Sie die Antwort auf diese Frage kennen, werden Sie ganz von selbst wissen, was Sie Ihren Kunden als Ersatz anbieten. Sie werden plötzlich einen Hebel haben, mit dem Sie steuern, was Ihre Kunden über Ihre Leistungen glauben.

Anwendung:

1 **Search Qualities bewerben.** Stellen Sie fest, welche Eigenschaften Ihrer Dienstleistung ein Kunde bereits vor der Inanspruchnahme verstehen und beurteilen kann. Am Beispiel eines Kurses wären das: Dauer, Inhalte, Anzahl der Teilnehmer, Form des Unterrichts usw. Verwenden Sie diese „Hard Facts" zur Ankündigung Ihrer Dienstleistung – in Broschüren, im Internet oder bei Präsentationen. Sie geben potenziellen Kunden damit die gewünschten Suchkriterien.

2 **Experience Qualities erfüllen.** Ermitteln Sie, welche Eigenschaften Ihrer Dienstleistung ein Kunde erst durch die Inanspruchnahme beurteilen kann. Am Beispiel eines Kurses wären das: Einfühlungsvermögen des Kursleiters, die Verständlichkeit der Inhalte oder die Anwendbarkeit des vermittelten Wissens. Stel-

len Sie sicher, dass bei der Erbringung Ihrer Dienstleistung die erwünschten Eigenschaften erfüllt werden. Sie geben Ihren Kunden damit die gewünschte Erfahrung.

3 **Credence Qualities ersetzen.** Überlegen Sie, welche Eigenschaften Ihrer Dienstleistung Ihre Kunden auch nach der Inanspruchnahme zumeist nicht beurteilen können. Am Beispiel eines Kurses wären das: die Richtigkeit der Inhalte oder die Erfahrung des Kursleiters. Schaffen Sie gezielt Ersatzkriterien, mit denen Ihre Kunden dieses Defizit ausgleichen können – im Beispiel des Kurses vielleicht durch Bezugnahme auf seriöse Quellen und die Erwähnung von Referenzkunden. Sie geben Ihren Kunden damit Vertrauen in die Qualität Ihrer Leistung.

Für sichere Abschlüsse sollten Sie alle Einfluss nehmenden Personen in Ihre Kommunikation einbeziehen.

Sie kennen sicher die leidige Geschichte eines Beinahe-Abschlusses: Ein Interessent erkundigt sich nach einem größeren Leistungspaket, Sie arbeiten die Offerte aus, führen mehrere Gespräche und schließlich heißt es: „Wir bedauern, aber leider haben wir den Auftrag anders vergeben." Nachdem die erste Frustration überwunden ist, fragt man sich, ob man zu teuer war, zu billig, zu wenig Referenzen angeführt hat oder was auch immer man sonst übersehen hat. Dabei wäre in vielen Fällen wohl eher die Frage angebracht, *wen* man übersehen hat.

Viele Verhandlungen werden mit nur einem Ansprechpartner beim Kunden geführt. Dem gegenüber steht die Tatsache, dass Kaufentscheidungen im B2B-Geschäft nur selten von einer einzigen Person getroffen werden. Zu oft werden nicht alle Personen in die Gespräche einbezogen, die mit über den Einkauf bestimmen. Leider, denn zu jedem industriellen Einkauf gibt es beim Kunden eine „virtuelle Beschaffungsgruppe". Sie ist informell, immer anders zusammengesetzt und umfasst Personen aus verschiedenen Abteilungen und verschiedenen Führungsebenen mit unterschiedlichen Anliegen, Interessen und Schwerpunkten bezüglich des jeweiligen Einkaufs. Eine Ihrer wichtigsten Aktivitäten im Rahmen der Kundengewinnung ist daher, folgende Fragen zu klären: Wer ist an der Entscheidung beteiligt? Welche Entscheidungen beeinflussen diese Menschen? Wie groß ist ihr Einfluss? Welche Bewertungskriterien legt der Einzelne seiner Entscheidung zu Grunde?

Zur Unterstützung prägen Sie sich am besten jene Systematik ein, welche die Rollen rund um einen industriellen Einkauf zusammenfasst:

- *Informer* sind jene Personen bei Ihrem Kunden, die den Kaufentscheider mit relevanten Informationen und Fakten versorgen, wie zum Beispiel Rechtsexperten oder Personen mit besonderen Marktkenntnissen.

- *Influencer* sind Personen bei Ihrem Kunden, die auf Grund eigener Interessen die Kaufentscheidung in eine bestimmte Richtung beeinflussen möchten. Ein Beispiel dafür ist der Leiter einer Fachabteilung, der den Einkauf im Interesse seiner Abteilung in eine bestimmte Richtung lenken möchte.
- *Decider* haben die Rolle des eigentlichen Kaufentscheiders. Sie bestimmen den Zeitpunkt des Einkaufs, das Budget und den Lieferanten. Ein Beispiel ist der Leiter der EDV-Abteilung, der über den Einkauf externer Services bestimmt.
- *Buyer* sind die Personen, die den Einkauf durchführen werden. Das klassische Beispiel ist der Einkäufer, der vor allem auf Konditionen und Bedingungen achten wird.
- *User* sind jene Personen, die aus der eingekauften Leistung unmittelbaren Nutzen ziehen sollen. Das kann zum Beispiel ein Mitarbeiter einer Fachabteilung sein, den die externen Services entlasten werden.

Machen Sie es sich zur Angewohnheit, Ihren Ansprechpartner zu fragen, wer denn noch über die Vergabe des Auftrags entscheiden wird. Fast immer werden Sie die Möglichkeit erhalten, diese Personen in die Gespräche einzubeziehen. Das führt dazu, dass Ihre Chancen steigen. Sie können ganz leicht alle Interessen kennenlernen, die rund um den jeweiligen Einkauf eine Rolle spielen. Sie werden diese Interessen in Ihrem Angebot berücksichtigen und mehr Erfolg haben.

Anwendung:

1 **Kaufentscheidungen untersuchen.** Finden Sie heraus, wer in der Regel im Kaufentscheidungsprozess pro oder kontra Ihrer Dienstleistung Einfluss nimmt. Gehen Sie dazu in Gedanken ein paar der Ihnen besser bekannten Kunden durch. Wer war der Kaufentscheider (Decider)? Welche Personen haben ihn beeinflusst (Informer, Influencer)? Wer hat den Einkauf abgewickelt (Buyer)? Wer alles beim Kunden war von Ihrer Dienstleistung betroffen (User)?

99

2 **Beschaffungsgruppe identifizieren.** Sobald Sie diese Untersuchung für einige konkrete Fälle durchgeführt haben, werden Sie beginnen, ein Muster zu erkennen. Zum Beispiel könnte sich herausstellen, dass bei Ihrer Dienstleistung der Decider auch die Rolle des Buyers übernimmt, aber meistens ein starker Influencer aus einer Fachabteilung eine Rolle spielt. Von den Usern Ihrer Dienstleistung könnten Sie wissen, dass aus dieser Gruppe aufgrund eines Informationsmangels im Vorfeld gelegentlich Bedenken gegenüber Ihrer Leistung bestehen. Auch wenn die Situation nicht in allen Fällen identisch sein wird, so werden Sie doch eine Struktur erkennen, die der hier beschriebenen ähnlich ist.

3 **Beschaffungsgruppe ansprechen.** Beziehen Sie dieses Wissen über die Zusammenhänge beim Kunden in Ihre Vorgangsweise ein. Finden Sie einen Weg, wie Sie alle Mitglieder der „virtuellen Beschaffungsgruppe" kennenlernen und informieren können. Wenn es um größere Dienstleistungsaufträge geht, können Sie sogar so weit gehen, ein Forum zu schaffen, in dem jedes Mitglied seine Anliegen und Bedenken äußern kann und damit zu einer offiziellen Kraft im Entscheidungsprozess wird. Auf diese Weise vermeiden Sie die schleichende Unterwanderung Ihres Angebots.

Die gezielte Anbahnung von Zweitkäufen ebnet Ihnen den Weg zu einem fixen Kundenstamm.

Erinnern Sie sich an ein Geschäft, in dem Sie öfters einkaufen. Als Sie das erste Mal dort eingekauft haben, war es eine neue Erfahrung. Beim zweiten Mal war Ihnen der Vorgang schon etwas vertrauter. Ab dem dritten Mal ist wahrscheinlich im Ablauf nichts wesentlich Neues mehr auf Sie zugekommen. Sie hatten durch die vorhergehenden Begegnungen eine bestimmte Erwartung, die im Großen und Ganzen erfüllt wurde. Damit war der Vorgang, dort einzukaufen, bereits eine vertraute Handlung für Sie.

Was man zwei Mal macht, ist also fast schon eine Gewohnheit. Demnach wird man auch eine Leistung, die man bereits zwei Mal zur Zufriedenheit in Anspruch genommen hat, höchstwahrscheinlich wieder in Anspruch nehmen. So lange es keinen triftigen Grund gibt, den Anbieter zu wechseln, wird man den gewohnten und bequemen Weg einschlagen.

Diese Verhaltensnorm sollten Sie sich zunutze machen, indem Sie bewusst Zweitkäufe provozieren. Bei dieser Marketingtechnik motivieren Sie alle frisch gebackenen Kunden, weitere Leistungen in Anspruch zu nehmen, die den Erstkauf in sinnvoller Weise ergänzen oder abrunden. Dadurch wird eine Abnehmerbindung geschaffen – die Neukunden sind mit hoher Wahrscheinlichkeit Ihre künftigen Dauerkunden geworden.

Beim Aufbau eines fixen Kundenstamms kommt es also nicht nur darauf an, eine hinreichend große Anzahl an Neukunden zu gewinnen, sondern sie auch zu halten. In der Entwicklung zu einem Fixkunden ist der erste Kauf als eine Art Prüfung zu verstehen. Ihr neuer Kunde entschließt sich zwar, die Leistung in Anspruch zu nehmen. Er weiß aber, dass er damit ein Risiko eingeht. Deshalb passt er doppelt genau auf, wie kompetent er betreut wird. Zum fixen Kundenkreis werden Sie ihn erst zählen dürfen, wenn er das zweite Mal kauft. Ab diesem Punkt beginnt die Trägheit als positiver Faktor zu wirken. Der nun nicht mehr so neue Kunde wird es sich gut überlegen, seinen Partner zu wechseln. So lange keine groben Fehler passieren, bleibt er als immer wiederkehrender Auftraggeber erhalten. Schlicht und einfach deshalb, weil er nun eine Gewohnheit entwickelt hat, die Sicherheit bedeutet. Jeder Wechsel des Anbieters würde auch für ihn erhöhten Aufwand bedeuten – und das erneute Eingehen eines Risikos.

Entwickeln Sie für Ihr Angebot Taktiken, um möglichst viele Neukunden zu einem Zweitkauf zu bewegen. Sehen Sie spezielle Angebote vor und informieren Sie über Ihr Portfolio. Bieten Sie ergänzende Leistungen, halten Sie den Kontakt und nützen Sie alle Möglichkeiten, um positiv in Erinnerung zu bleiben. Das führt dazu, dass die Anzahl Ihrer Zweitkäufe ansteigt und Ihre Kunden die Gewohnheit entwickeln, bei Ihnen einzukaufen. Legen Sie mit dieser Technik den Grundstein für den größten Wert, den Sie aufbauen können – Ihren fixen Kundenstamm.

Anwendung:

1 **Einstiegsleistungen finden.** Meistens gibt es ganz bestimmte Leistungen, die neue Kunden anziehen. Ermitteln Sie, welche Dienstleistungen ein Neukunde bei Ihnen in der Regel in Anspruch nimmt. Sie werden eine Handvoll Leistungen finden, die wahrscheinlich ein relativ geringes Einstiegsrisiko für Neukunden aufweisen. Nehmen wir an, eine dieser Leistungen wäre ein Grundkurs für Office-Software.

2 **Folgeleistungen zuordnen.** Ordnen Sie jeder dieser Einstiegsleistungen sinnvolle Folgeleistungen zu. Das sind alle Leistungen, welche die Einstiegsleistungen in irgendeiner Weise ergänzen, abrunden oder sonstwie den Nutzen erhöhen. In unserem Beispiel könnten solche Folgeleistungen weiterführende Kurse sein.

3 **Folgeleistungen bewerben.** Richten Sie ein System ein, mit dem Neukunden automatisch nach einer gewissen Zeit über die passenden Folgeleistungen informiert werden. Der beste Zeitpunkt dafür liegt in den ersten Wochen nach der Inanspruchnahme der Einstiegsleistung. Die Erinnerung ist dann noch frisch und die Chance auf baldiges Wiederkommen des Kunden hoch.

4   **Dranbleiben.** Auch wenn Sie in den ersten Wochen vielleicht kein Ergebnis erzielen, geben Sie nicht auf. Hartnäckigkeit ist im Marketing eine Zier. Informieren Sie einen Erstkunden mindestens ein Jahr lang weiter. Es zahlt sich aus – denn sobald er zum zweiten Mal kauft, haben Sie mit hoher Wahrscheinlichkeit einen neuen Stammkunden gewonnen.

Clubs & Cards stiften Identität und geben Ihnen ein starkes Mittel zur Kundenbindung in die Hand.

Prüfen Sie einmal den Inhalt Ihrer Brieftasche: Die Chancen stehen gut, dass Sie dort neben Ihren Ausweisen und Zahlungsmitteln auch Hinweise auf die eine oder andere Mitgliedschaft aufbewahren. Symbolisiert sind diese meist durch ein 54 mal 85 mm großes Stück Plastik, das Preisvorteile, regelmäßige Informationen oder spezielle Leistungen garantiert. Auf alle Fälle verspricht man sich Vorteile vom Besitz dieser Karten, sonst würde man sie nicht in der Brieftasche mit sich herumtragen. Vielleicht geht es beim Besitz dieser Karten sogar um noch etwas mehr als rein kommerzielle Begünstigungen. Möglicherweise verhelfen einem diese kleinen Plastikstücke zu etwas ganz anderem, weniger Vordergründigem. Ihre Aufbewahrung gemeinsam mit Führerschein und anderen Ausweisen deutet darauf hin, dass sie seinem Besitzer ein Stück Identität geben.

Identität ist für den modernen Menschen meist ein Manko und eine subtile Plage. Fragen wie „Wer bin ich?", „Wo gehöre ich dazu?" oder „Woran glaube ich?" haben sich früher viel weniger gestellt. Familie, die lebenslange Zugehörigkeit zu einem Berufsstand und die Einbindung in eine religiöse Glaubensgemeinschaft haben ein hinreichendes Maß an Identität vermittelt. Ohne diese Veränderungen bewerten zu wollen, lässt sich eines feststellen: Diese Klarheit über die eigene Identität fehlt uns heute oft. Genau diesen Umstand nützen Clubs & Cards. Besonders erfolgreich sind demnach Clubs rund um Produkte, die unter anderem der Selbstdefinition dienen. Das sind alle Clubs, die sich auf Produkte oder Leistungen beziehen, die einen starken persönlichen Nutzen erfüllen oder zumindest oft für Dritte sichtbar werden. Klassische Beispiele sind das Auto, der Fitnessclub, das Handy etc. Das Grundthema ist immer Zugehörigkeit, und zwar Zugehörigkeit im Sinn einer bevorzugten Behandlung. Der Besitz einer Mitgliedskarte macht den Eigentümer in einem bestimmten Kontext zu einer „Very Important Person". Die Leistungen des Clubs müssen nun dazu dienen, laufend die Zugehörigkeit des Mitglieds und seine Bedeutung zu bestätigen. Jeder Club, der rund um eine Produkt- oder Dienstleistungslinie aufgebaut wird, sollte daher aus einer Kombination von Information, Unterstützung, Kontakt, speziellen Angeboten und besonderen Konditionen bestehen. Man bekommt etwas billiger oder geschenkt, darf Punkte sammeln oder erhält Zutritt zu bestimmten Orten.

Das Grundprinzip heißt: Wo man dazugehört, kauft man leichter ein. Nützen Sie das und schaffen Sie rund um Ihr Angebot einen Club. Die Mitglieder Ihres Clubs werden dann zu einer Teil-Zielgruppe, die sich durch einen ganz besonderen Umstand auszeichnet – sie befindet sich in einem hohen Stadium der Kaufbereitschaft. Das bedeutet, dass Sie bei dieser Gruppe sehr effizientes und konzentriertes Marketing mit einem Minimum an Streuverlusten betreiben werden. Sie schaffen Abnehmerbindungen, mit denen Sie sogar Preisoffensiven Ihres Mitbewerbs erfolgreich widerstehen können.

Anwendung:

1 **Wirtschaftlichkeit klären.** Bevor Sie sich daran machen, einen Club zu gründen, sollten Sie überprüfen, ob der Einsatz dieses Instruments für Sie wirtschaftlich ist. Die Einrichtung und vor allem der laufende Betrieb eines Kundenclubs sind mit einigem Aufwand verbunden. Stellen Sie zumindest eine Überschlagsrechnung an. Wägen Sie ab, ob die Kosten des Clubs durch die erzielte Kundenbindung aufgewogen werden. Anschließend können Sie mit den weiteren Schritten klären, womit Sie Ihrem Club Substanz geben können.

2 **Informationsangebot.** Worin besteht das Informationsangebot Ihres Clubs? Welche Informationen erhalten Clubmitglieder, die sie nicht ohnehin schon haben?

3 **Unterstützungsangebot.** Welche zusätzliche Unterstützung erhalten Clubmitglieder? Welche Hilfestellungen wären besonders nützlich?

4 **Kontaktangebot.** Ein Club lebt zum Teil davon, dass seine Mitglieder miteinander in Kontakt treten können. Auf welche Weise, an welchem Ort könnten Sie das realisieren?

5   **Spezielle Leistungsangebote.** Welche Leistungen könnten Sie nur Clubmitgliedern zugänglich machen? Sind diese Leistungen geeignet, das Mitglied besonders auszuzeichnen?

6   **Besondere Konditionen.** Welche besonderen Konditionen, welche Preiszuckerln könnten Sie Ihren Clubmitgliedern bieten? Wäre ein Punktesystem vorstellbar?

Je prägnanter Ihre Leistungsbezeichnungen sind, umso besser grenzen Sie sich vom Mitbewerb ab.

Auch Dienstleistungen sind Produkte, und jedes Produkt braucht einen Namen. Während die Namen von gegenständlichen Produkten meist recht einfach und sprechend gehalten werden, ist bei Dienstleistungen leider oft das Gegenteil der Fall. Bezeichnungen wie „Professional Support for Certified Solution Providers" oder „Monitoring and Management Services" sind keine Seltenheit und tragen wohl mehr zu Verwirrung der potenziellen Kunden bei, als sie aufklären können.

Die Ursache für die oft langen und komplizierten Namen darf wohl in dem Umstand gesehen werden, dass der Dienstleistungsmarkt in starker Bewegung ist. Es entstehen laufend neue Leistungen, die irgendwie in die Angebotsstruktur integriert und mit einer Bezeichnung versehen werden müssen. Gleichzeitig bemüht man sich offensichtlich sehr, mit den Namen die Inhalte der Leistungen in die Welt der Kunden zu übersetzen und verständlich zu machen. Und genau dabei wird gerne zu viel des Guten getan: Es werden sowohl die Art der Leistung, die angesprochene Zielgruppe und der gebotene Qualitätslevel in den Leistungsnamen verpackt. Was herauskommt, sind Produktnamen in der Länge ganzer Sätze, die niemand auf den ersten Blick versteht und die sich schon gar niemand merken kann. Dennoch scheinen sich die ellenlangen Leistungsbezeichnungen hartnäckig zu halten. Im Grunde völlig sinnlos, denn ein Kunde muss, um zu beurteilen, welche Leistung für ihn in Frage kommt, ohnehin ein genaueres Profil der Leistung studieren. Kurz gesagt, man versucht also auf umständliche Art und Weise Dienstleistungen über ihre Namen zu erklären. Um einen Vergleich aus der Welt der Waren zu bringen, wäre das etwa so, als würde man ein spezielles Bohrmaschinen-Modell „Longlife Platinum Powerdrill for Professionals" nennen. Tatsächlich würde ein solches Gerät wohl eher „Powerdrill 1024" heißen. Warum? Ganz einfach deshalb, weil der Rest über das Drumherum, also die Verpackung, die Gestaltung, den Vertriebsweg und die begleitenden Erklärungen kommuniziert wird.

Jedem Dienstleistungsanbieter ist also zu raten, sich mit der Gestaltung einfacher Leistungsbezeichungen auseinander zu setzen. Dazu gibt es ein paar allgemein gültige Regeln: Eine Leistungsbezeichnung sollte zum Beispiel leicht auszusprechen und wiederzuerkennen sein. Sie sollte auch gut in Erinnerung bleiben, was in vielen Fällen bedeuten wird, dass sie kurz und prägnant sein muss. Darüber hinaus sollte der Name einer Leistung unverwechselbar sein, also ein besonderes Aussehen und einen besonderen Klang haben. Im Idealfall sagt die Bezeichnung auch etwas über den Leistungsinhalt oder -nutzen aus. Schließlich und endlich sollte ein Leistungsname gesetzlich geschützt werden können, um ihn für längere Zeit als Alleinstellungsmerkmal nutzbar zu machen.

Grenzen Sie sich also von Ihrem Mitbewerb auch dadurch ab, dass Sie einfache Leistungsbezeichnungen verwenden. Ersparen Sie Ihren Kunden ellenlange Bezeichnungen, die sich ohnehin niemand merken kann. Mit dem Einsatz kurzer, prägnanter Namen bleiben Sie leichter in Erinnerung – was Ihre Chancen im Wettbewerb wieder um ein Stück verbessert.

Anwendung:

Überprüfen Sie die Bezeichnungen Ihrer Dienstleistungen nach den folgenden Kriterien. Führen Sie, falls nötig, notwendige Änderungen an den Namen Ihrer Dienstleistungen durch, sodass die Mehrzahl der angeführten Punkte erfüllt sind.

1   **Leicht auszusprechen.** Ist die Bezeichnung Ihrer Dienstleistung leicht auszusprechen? Vermeiden Sie Bezeichnungen, die komplizierte oder fremdsprachliche Fachtermini beinhalten (Beispiel: Professional High Availability Services).

2   **Gut wiederzuerkennen.** Wird die Bezeichnung Ihrer Dienstleistung leicht wiedererkannt? Diese Bedingung lässt sich durch grafische Gestaltung aber auch durch Einbindung eines Firmen- oder Produktnamens erreichen (Beispiel: AppleCare).

3   **Einfach zu merken.** Kann man sich die Bezeichnung Ihrer Dienstleistung einfach merken? Das wird in vielen Fällen bedeuten, dass sie kurz und prägnant sein muss (Beispiel: Chello). Die

Ausnahme von der Regel: Auch längere Namen können gut merkbar sein, wenn sie die Form eines Slogans haben (Beispiel: All in One).

4 **Unverwechselbar.** Ist die Bezeichnung Ihrer Dienstleistung unverwechselbar? Das heißt, sie sollte ein besonderes Aussehen und einen besonderen Klang haben (Beispiel: CarePaq). Ziel dabei ist, dass der Name die Dienstleistung rein sprachlich von Angeboten des Mitbewerbs abgrenzt.

5 **Nutzen der Leistung betont.** Sagt die Bezeichnung Ihrer Dienstleistung etwas über deren Nutzen aus? (Beispiel: SunSolve)

6 **Registrierung möglich.** Kann die Bezeichnung Ihrer Dienstleistung gesetzlich geschützt werden? Da Sie in ihren Aufbau eine Menge Geld investieren (Markenbildung), sollte sie als Wort- und Bildmarke registriert werden können (Beispiel: Compaq NonStop™).

Je besser Sie den Weg Ihrer Kunden kennen, umso vollständiger werden Sie kommunizieren.

Angenommen, da draußen im Markt gibt es genau in diesem Moment einen potenziellen Neukunden für Ihre Dienstleistungen. Er hat Ihr Unternehmen vielleicht von einem Geschäftsfreund empfohlen bekommen oder ist bei einer Suche im Internet über Ihr Angebot gestolpert. Auf jeden Fall beschäftigt er sich jetzt gerade mit den Informationen auf Ihrer Website und stellt fest, dass Ihre Dienstleistungen möglicherweise genau das wären, was er braucht. Als nächsten Schritt schickt er per E-Mail eine Anfrage an Ihr Unternehmen, die Sie prompt beantworten. Schließlich telefoniert man miteinander, stellt fest, dass ein persönliches Gespräch sinnvoll wäre und vereinbart einen Termin. Sie schicken ihm vorab eine Broschüre, in der Ihr Dienstleistungsangebot beschrieben ist, und legen noch einen freundlichen Begleitbrief dazu. Anschließend sehen Sie dem vereinbarten Termin voller Zuversicht entgegen.

Nun lassen Sie uns in diesem fiktiven Kaufprozess kurz innehalten. Was ist bisher geschehen? Vielleicht ist Ihnen aufgefallen, dass Ihr Interessent bis zu diesem Zeitpunkt bereits durch fünf Kontaktsituationen mit Ihrem Unternehmen gegangen ist – den Besuch auf Ihrer Website, den E-Mail-Verkehr, seinen Kontakt mit Ihrer Telefonzentrale, Ihr telefonisches Gespräch und schließlich die Ansicht der übersendeten Broschüre. Ihr potenzieller Neukunde wird dadurch bereits ein mehr oder weniger ausgeprägtes Bild von Ihrem Unternehmen, Ihrem Dienstleistungsangebot und vom Verhalten Ihrer Mitarbeiter haben. Und das, obwohl es bis jetzt noch gar keinen unmittelbaren persönlichen Kontakt gegeben hat. Und mit jedem Fortschritt im Kaufentscheidungsprozess kommen diese Kontakte noch dichter zu Stande. Als nächstes folgt das persönliche Gespräch, das dem Interessenten in unserem Beispiel fünf weitere Kontaktsituationen beschert: Die Außenansicht Ihrer Firma, die Innenansicht Ihrer Firma, die Abwicklung am Empfang, die Innenansicht Ihres Besprechungsraumes und das persönliche Verkaufsgespräch. Jedes dieser Elemente stellt einen Wahrnehmungsblock dar, der von Ihrem potenziellen Neukunden sofort einer Interpretation zugeführt wird. Er trifft auf Basis dieser Wahrnehmungen seine Annahmen über Ihre Zuverlässigkeit, Ihre Kompetenz oder Ihre Reaktionsbereitschaft. Lauter Punkte, die für seine Kaufentscheidung sehr wichtig sind. Geht die Kaufentscheidung zu Ihren Gunsten aus, so kommt es während der Leistungserbringung zu weiteren Kontaktsituationen, die sich ähnlich detailliert aufschlüsseln lassen. Auch diese Wahrnehmungsblöcke sind wichtig, denn sie werden zur Bewertung Ihrer Leistung herangezogen. Sie entscheiden darüber, ob der Kunde wieder kommt und ob er in seinem Bekanntenkreis Empfehlungen ausspricht.

Analysieren Sie also genau den Weg, den Ihre Kunden entlanggehen. Ermitteln Sie die einzelnen Stationen, erkennen Sie ihre Bedeutung und nehmen Sie die Chancen wahr, die jeder einzelne Kontakt bietet. Sie werden dadurch wie von selbst dazu übergehen, vollständiger und integrierter zu kommunizieren.

Anwendung:

Führen Sie die nachfolgende Anleitung für jede Ihrer Dienstleistungen durch:

1   **Kundenerleben durchwandern.** Versetzen Sie sich in die Lage eines Ihrer Kunden und stellen Sie sich aus seiner Perspektive vor, wie der Kontakt mit Ihrem Unternehmen abläuft. Nehmen Sie sich Zeit dafür und spielen Sie das so lange durch, bis Sie eine einigermaßen vollständige Vorstellung davon haben, wie ein Kunde den Kaufprozess, die Dienstleistung und die Nachbetreuung erlebt.

2   **In Stationen zerlegen.** Gehen Sie nach dieser mentalen Recherche dazu über, das Erlebte in einzelne Stationen, in Wahrnehmungsblöcke zu zerlegen. Die Blöcke wählen Sie am besten so, dass sie in der Wahrnehmung des Kunden eine geschlossene Einheit darstellen. Also zum Beispiel: Besuch der Website, schriftliche Vorinformation, Verkaufsgespräch, Vorbesprechung etc.

3   **Flussdiagramm erstellen.** Bilden Sie aus den einzelnen Stationen ein Flussdiagramm, aus dem zu erkennen ist, in welcher

Abfolge die Kontaktsituationen auftreten. Obwohl Sie sicher auch Verzweigungen verwenden werden, wird es selten möglich sein, in dem Diagramm alle Eventualitäten abzubilden. Das ist auch gar nicht notwendig. Hauptsache Sie erhalten eine Darstellung, mit der die Mehrzahl der Fälle hinreichend abgebildet ist.

4 **Auswertung.** Anschließend machen Sie sich an die Auswertung des Diagramms. Gehen Sie die einzelnen Schritte durch und legen Sie zu jedem fest, was Sie an dieser Stelle Ihrem Kunden kommunizieren möchten und wie der Block gestaltet sein muss, damit er die Identität Ihres Unternehmens widerspiegelt. Sie können das Diagramm auch danach durchsuchen, in welchen Blöcken Sie weitere, ergänzende Leistungen bewerben können. Wenn Sie dieser Spur nachgehen, erhöhen Sie mit Sicherheit Ihre Abschlussrate.

Wenn Sie die richtigen Einladungen aussprechen, erreichen Sie eine Schubumkehr.

Wer sich als Neuling in das Dienstleistungsgeschäft wagt, stellt sich früher oder später eine zentrale Frage: „Wie schaffe ich es, dass sich Kunden von selbst bei mir melden?" Die Antwort muss leider lauten – überhaupt nicht. Neukundengewinnung ist ein Prozess, in dem nichts von selbst passiert. Es müssen eine Menge Eigenaktivitäten gesetzt werden, bis sich die ersten Erfolge zeigen. Die eigene Identität muss klar definiert sein und es muss beständig an der Kommunikation zu der neuen Zielgruppe gearbeitet werden. Dennoch ist es möglich, in der Kommunikation mit potenziellen Abnehmern sanfte Einladungen auszusprechen, die eine Art Schubumkehr bewirken – sie führen dazu, dass neue Kundenkreise sich aktiv für Sie interessieren.

Am besten erreichen Sie das dadurch, dass Sie relevante Informationen zur Verfügung stellen. Beginnen Sie mit einem Thema, das Ihre Zielgruppe bereits interessiert. Das ist mit hoher Wahrscheinlichkeit zunächst nicht Ihre Dienstleistung. Denn Menschen sind am meisten an sich selbst interessiert – über nichts liest oder spricht man lieber als über die eigene Situation, die eigenen Probleme oder Herausforderungen, mit denen man sich gerade beschäftigt. Wenn Sie also Informationen anbieten, dann sollten das statt Informationen über Ihre Leistungen besser Informationen über Ihre Zielgruppe sein. Man wird Ihnen sehr viel aufmerksamer zuhören.

Bieten Sie daher nicht sofort Ihre Dienstleistung an, sondern erst eine Information oder Planungshilfe, die für Ihre Zielgruppe von Interesse ist. Das kann zum Beispiel eine Gratisbroschüre zu einem bestimmten Thema oder eine kostenlose Systemüberprüfung sein. Sie könnten auch zu einer Informationsveranstaltung mit renommierten Referenten einladen. Oder Sie richten ein Web-Forum zu einem Thema ein, das im weiteren Sinn mit Ihren Leistungen zu tun hat. In jedem der beschriebenen Fälle bieten Sie eine interessante Information, die mit dem Gegenstand Ihrer Dienstleistungen zu tun hat, aber nichts oder nicht viel kostet. Die Leute, die diese Information anfordern oder verwenden, sind interessante Kontakte – dort lohnt es sich nachzufassen und weiter zu werben.

Warum ist es so interessant, den hier beschriebenen Weg zu gehen? Was bringt es, wenn mögliche Kunden aktiviert werden? Nun, die Antwort ist, dass die Beziehung zu Ihren zukünftigen Kunden unter einem partnerschaftlichen Vorzeichen eingeleitet wird. Und diese Ausrichtung ist besonders für Dienstleistungsprodukte wichtig. Ihr Kunde bekommt auf diesem Weg das Gefühl, einen Service in Anspruch zu nehmen oder erste Erkundigungen einzuholen. Er wird nicht „angequatscht". Seine Angst, übervorteilt zu werden, ist nicht so ausgeprägt und er muss nicht vom Start weg eine Abwehrhaltung einnehmen. Als Anbieter haben Sie es dadurch wesentlich leichter. Sie werden um Unterstützung oder Auskunft gebeten und man interessiert sich für Sie. Sie sparen sich das Gefühl, sich anbiedern zu müssen, und können dadurch leichter eine Ebene der Ebenbürtigkeit schaffen. Der Einstieg in ein mögliches Geschäft wird wesentlich unkomplizierter.

Anwendung:

1   **Themen Ihrer Zielgruppe identifizieren.** Finden Sie heraus, was die Mitglieder Ihrer Zielgruppe beschäftigt. Die relevanten Themen sind mit hoher Wahrscheinlichkeit nicht Ihre Dienstleistung, sondern ganz bestimmte Problemstellungen. Denn alle Menschen, und damit auch Ihre Kunden, sind sehr an sich selbst und ihrem Wohlergehen interessiert. Über nichts liest oder spricht man engagierter als über Dinge, die einen unmittelbar betreffen. Ermitteln Sie also die „heißen Themen" Ihrer Zielgruppe.

2   **Thema auswählen.** Wählen Sie aus diesen Themen ein Thema aus, das sich gut mit Ihrer Leistung verknüpfen lässt. Je relevanter das ausgewählte Thema für Ihre Zielgruppe ist, umso mehr Erfolg werden Sie damit haben.

3   **Zum Thema recherchieren.** Bringen Sie über dieses Thema alles in Erfahrung, was sich in Erfahrung bringen lässt. Sprechen Sie mit Branchenvertretern, machen Sie Interviews, recherchieren

Sie im Netz, erstellen Sie eine Studie. Werden Sie zur Kapazität auf diesem Gebiet.

4   **Thema mit Ihrer Leistung verbinden.** Suchen Sie dann nach Möglichkeiten, Ihre Leistungen mit diesem Thema sichtbar zu verknüpfen. Hier einige Beispiele, wie Sie das verwirklichen können:

- Informationsveranstaltungen
- Studie veröffentlichen
- Informationsbroschüre bereitstellen
- Planungshilfe anbieten
- Web-Forum einrichten
- Newsletter versenden
- Redaktionelle Berichte in Medien

Ihre Werbemittler werden genauso gut arbeiten, wie ihr Verständnis von Ihrer Dienstleistung ist.

Werbeleute sind Werbeleute und keine Experten für Ihre Dienstleistung. In vielen Fällen ist die Zusammenarbeit mit Agenturen und anderen Werbemittlern deshalb unbefriedigend, weil sie die Leistung und das Unternehmen, das sie bewerben sollen, nicht wirklich verstehen. Hier lässt sich, wie Sie gleich erkennen werden, sehr leicht Abhilfe schaffen.

Betrachten wir zunächst den „klassischen" Ablauf der Zusammenarbeit mit einer Agentur: Mit einem schriftlichen und mündlichen Briefing werden die Aufgaben des Werbemittlers definiert und die benötigten Informationen bereitgestellt. Die Agentur arbeitet daraufhin an einem Konzept für die Lösung der Aufgabe, das im Rahmen einer Präsentation vorgestellt wird. Dieses Konzept kann entweder angenommen werden, dann kommt es zur Umsetzung, oder es wird vom Auftraggeber abgelehnt. In letzterem Fall wird entweder das Konzept modifiziert oder die Zusammenarbeit beendet. Natürlich wünscht sich jeder, einen unerfreulichen Ausgang zu vermeiden. Vorausgesetzt, der Werbepartner versteht im kreativen Bereich seine Arbeit, so liegt der Grund für ein Scheitern meistens in der Kommunikation zwischen Auftraggeber und Agentur. Es stehen Ihnen zwei sehr einfache Maßnahmen zur Verfügung, mit denen Sie genau das vermeiden und sicherstellen, dass Sie die Art von Werbung bekommen, die Sie brauchen:

• Erstens, liefern Sie ein möglichst vollständiges Briefing. Halten Sie sich dabei einfach stets vor Augen, dass Sie es mit Leuten zu tun haben, die nicht aus Ihrem Fach sind. Egal, ob Sie eine Bäckerei, eine Unternehmensberatung oder ein Hotel betreiben, Sie wissen auf jeden Fall mehr über Ihr eigenes Geschäft als jede Werbeagentur. Demzufolge müssen Sie sicherstellen, dass Ihre Werbepartner zumindest die wichtigsten Informationen von Ihnen bekommen. Am besten, Sie erwarten nicht, dass Ihnen schon die richtigen Fragen gestellt werden, sondern fassen das Thema „Briefing" als Bringschuld auf. Damit stellen Sie sicher, dass Ihre Agentur genug über Sie erfährt.

- Im Rahmen einer zweiten Maßnahme überprüfen Sie, ob Ihr Werbepartner das, was er von Ihnen erfahren hat, auch wirklich verstanden hat. Zu diesem Zweck schalten Sie zwischen Briefing und Konzepterstellung einen Zwischenschritt ein: Sie lassen die Agentur in Ihre Rolle schlüpfen und sehen sich im Rahmen einer Präsentation eine Vorstellung Ihres eigenen Unternehmens und Ihrer Dienstleistungen an. Dabei lehnen Sie sich zurück und nehmen selbst die Rolle eines potenziellen Kunden ein. Wenn Sie mit der Präsentation zufrieden sind, können Sie sicher sein, dass Ihr Unternehmen von der Agentur begriffen wurde.

Machen Sie diese beiden Maßnahmen zum Standard im Umgang mit all Ihren Werbepartnern. Sie steigern damit Ihre Erfolgsquote beträchtlich und sparen eine Menge Zeit.

Anwendung:

1 **Vertrauenswürdigen Partner suchen.** Bedenken Sie im Voraus, dass die Beziehung zu Ihrem Werbepartner ein nahes Verhältnis sein wird. Es wird notwendig sein, ihm vertrauliche Informationen über Ihr Angebot, Ihren Markt, Ihre Mitbewerber und die Situation Ihres Unternehmens zugänglich zu machen. Achten Sie also von vornherein darauf, ob Sie Ihrem neuen Geschäftspartner vertrauen können. Hinzu kommt, dass Sie einige Zeit mit den Mitarbeitern dieser Agentur verbringen werden. Überprüfen Sie vorab, ob Sie zu den Personen, mit denen Sie dann tatsächlich arbeiten werden, eine angenehme Arbeitsbeziehung aufbauen können. Darüber hinaus ist noch zu beachten, dass die Werbebranche sehr schnelllebig ist. Am besten suchen Sie sich eine Agentur, von der man annehmen darf, dass sie auch in ein oder zwei Jahren noch besteht. Meiden Sie Werbepartner, die Ihren Etat unbedingt benötigen. Das gleiche gilt für Agenturen, deren Existenz an einem einzigen großen Auftraggeber hängt.

2 **Vollständiges Briefing geben.** Wann immer Sie mit Werbeleuten zusammenarbeiten, ist ein Briefing für die Kommunikationsexperten der Ansatzpunkt ihrer Arbeit. Eine sehr brauchbare

Gliederung für ein schriftliches Briefing bietet eine Unterteilung in die folgenden drei Abschnitte:

- *Im ersten Abschnitt „Aufgabenstellung"* wird im Rahmen einer klaren Zielvorgabe definiert, was durch die Zusammenarbeit erreicht werden soll. Dabei sollte man sich vor schwammigen Aussagen wie „es soll eine verbesserte Meinung über unsere Leistungen bei potenziellen Käufern erreicht werden" hüten. Je präziser Sie Ihre Zielgruppen und Werbeziele definieren, umso besser kann die Agentur in Ihrem Sinn arbeiten.

- *Im zweiten Abschnitt „Informationen zum Angebot"* sollten jene leistungsbezogenen Informationen enthalten sein, die für die Arbeit Ihres Werbepartners unverzichtbar sind. Dazu gehören zum Beispiel genaue Leistungsbeschreibungen, eine Darstellung des Nutzens, den Ihre Leistungen bieten, und auf alle Fälle eine Übersicht Ihrer Preispolitik.

- *Im dritten Abschnitt „Background-Informationen"* liefern Sie Ihrem Werbepartner alle ergänzenden Hinweise, die für seine Arbeit zwar nicht lebensnotwendig, aber nützlich sind. Er wird Sie dadurch in allen Fragen der Marktkommunikation besser beraten und unterstützen können. Zu solchen Background-Informationen zählen zum Beispiel vorhandene Marktdaten, Marktstudien, Informationen über den Mitbewerb, zu erwartende Trends und Ähnliches.

3   **Verständnis absichern.** Halten Sie Ihr Briefing und begleitende Gespräche so ausführlich wie möglich. Darüber hinaus gibt es noch einen weiteren Weg, um sich des inhaltlichen Verständnisses einer Agentur zu versichern: Schalten Sie zwischen Briefing und Konzepterstellung durch die Agentur einen Zwischenschritt ein. Im Rahmen dieses Zwischenschritts lassen Sie die Agentur in Ihre Rolle schlüpfen: Sie soll Ihnen Ihr Unternehmen und Ihre Leistungen präsentieren – Sie selbst nehmen dabei die Rolle eines potenziellen Kunden ein. Wenn Sie mit der Präsentation zufrieden sind, können Sie sicher sein, dass Ihr Unternehmen von der Agentur begriffen wurde.

Mit Sales Promotions verringern Sie das Kaufrisiko und verbessern Ihre Auslastung.

Sales Promotions haben für viele einen starken Beigeschmack von Konsumgütermarketing. Wettbewerbe, Gewinnspiele und Sonderangebote verbindet man in erster Linie mit der Vermarktung von Orangensaft, Urlaubsreisen oder Autos. An ihre Anwendung im Zusammenhang mit hochwertigen B2B-Dienstleistungen denkt man eher selten. Ganz zu Unrecht, denn einige Formen von Sales Promotions sind dafür sehr gut geeignet. Es kommt nur darauf an, in welcher Form und zu welchem Zweck man sie anwendet. Grundsätzlich werden unter dem Begriff Sales Promotions alle kurzfristig wirkenden Kaufanreize zusammengefasst. Dazu gehören Mittel wie Preisausschreiben, Nachlässe, Prämien, Sonderangebote, Messepreise, Wettbewerbe, Zugaben bei größeren Bestellmengen, Geschenke als Beigaben usw. Die möglichen Anreize sind so vielfältig wie die Menschen selbst.

Neben ihrer ursprünglichen Aufgabe, rasch und kurzfristig den Absatz zu steigern, können Sales Promotions drei weitere wichtige Funktionen übernehmen:

- *Testen der Leistung:* Dienstleistungen können von Ihren potenziellen Kunden vor der Inanspruchnahme oft nur schwer beurteilt werden. Eine Sales Promotion kann nun darin bestehen, eine Leistung kostenlos oder zu einem geringen Entgelt zum Ausprobieren zur Verfügung zu stellen. Damit schaffen Sie vorsichtigen Käufern die Möglichkeit, die Leistung kennenzulernen, bevor sie sich zu irgendetwas verpflichten müssen. Ein praktisches Beispiel dafür ist ein Schnupperkurs, in dem die Teilnehmer die Art einer speziellen Schulung und den Kursleiter kennenlernen.
- *Auslastung verbessern:* Für die Erbringung von Dienstleistungen müssen Sie stets eine bestimmte Kapazität bereithalten. Personal, Räumlichkeiten und andere Ressourcen müssen konstant verfügbar sein, damit Sie Ihre Leistung überhaupt kommerziell anbieten können. Die Auslastung schwankt aber – manchmal

wird Ihre Kapazität voll ausgeschöpft, zu anderen Zeiten wird vielleicht nur die Hälfte Ihrer Maximalleistung beansprucht. Diese Schwankungen sind vom Verhalten Ihrer Abnehmer abhängig und oft sogar periodisch. Ihre Sales Promotions können nun darauf abzielen, mehr Aufträge in die Zeiten geringer Auslastung zu bringen. Damit wird es möglich, mit derselben Grundkapazität (und damit denselben Fixkosten) mehr Umsatz zu erzielen. Was in weiterer Folge dazu führt, dass Ihr Gewinn aus dieser Leistung steigt.

- *Gegenständlichkeit verwirklichen:* Dienstleistungen haben die Eigenschaft, im Wesentlichen immateriell zu sein. Im Gegensatz zu konkreten, angreifbaren Produkten fehlen die taktilen Reize für den Kunden meistens vollständig. Als Dienstleistungserbringer sollten Sie daher stets Überlegungen anstellen, mit welchen Mitteln Ihre Dienstleistung trotzdem gegenständlich gemacht werden kann. Und genau für diesen Zweck können Sie auch Sales Promotions einsetzen. Geschenke in Form von Gebrauchsgegenständen sind zum Beispiel durchaus angreifbar. Der Kunde erhält sie gemeinsam mit der Leistung, deren Wert dadurch eine reale und sichtbare Gestalt bekommt.

Die hier angeführten Möglichkeiten zeigen einige der Wege auf, wie Sie Ihre Kunden mit Sales Promotions ansprechen können. Die Maßnahmen zur Verkaufsförderung müssen sich aber nicht immer direkt an den Abnehmer der Leistung wenden. Es können auch Anreize für die eigene Vertriebsmannschaft oder die Leistungserbringer sinnvoll sein, um sie zu verstärkten Bemühungen im Verkauf von weiteren Leistungen zu motivieren.

Anwendung:

1 **Ziele festlegen.** Bestimmen Sie, was genau Sie mit Ihrer Sales Promotion erreichen wollen. Soll nur kurzfristig mehr von den Leistungen abgesetzt werden, oder werden auch andere Ziele verfolgt? Verfolgen Sie mit der Aktion konkrete finanzielle Ziele?
2 **Anreiz bestimmen.** Legen Sie fest, worin der kurzfristig wirkende Kaufanreiz besteht. Soll es eine Preisreduktion, eine Zugabe,

ein möglicher Gewinn oder eine der vielen anderen Möglichkeiten sein? Prüfen Sie auch, ob vielleicht sogar die Leistung selbst geeignet ist, als Anreiz verwendet zu werden (z.B. Schnupperkurs).

3 **Bedingungen klären.** Definieren Sie, an wen Sie sich mit dem Angebot wenden. Klären Sie auch, wie lange das Angebot gilt und zu welchen Bedingungen man es in Anspruch nehmen kann.

4 **Erfahrungen prüfen.** Gehen Sie der Frage nach, ob es in Ihrem Unternehmen bereits Erfahrungen mit ähnlichen Aktionen gibt. Falls ja, finden Sie heraus, wie diese verlaufen sind und welche Ergebnisse sie gebracht haben. Vielleicht gibt es Punkte, die speziell Ihr Unternehmen berücksichtigen muss.

5 **Kommunikation festlegen.** Bestimmen Sie, wie Sie die Aktion bei Ihrem Zielpublikum bekannt machen. Welche Mittel wollen Sie einsetzen und was werden diese zusätzlich kosten?

6 **Mitbewerb überprüfen.** Untersuchen Sie, ob auch Ihr Mitbewerb Sales Promotions im Zusammenhang mit seinem Dienstleistungsangebot einsetzt. Welche Schwachstellen sind bei diesen Aktionen der Konkurrenz zu erkennen?

7 **Auswertung sichern.** Stellen Sie eine Auswertung Ihrer Aktion sicher. Nach Ablauf der Aktion sollten Sie die Kosten Ihrer Sales Promotion den zusätzlichen Erträgen gegenüberstellen können.

2. Leitfaden zum Marketingkonzept

Die Kraft der Idee

Sie haben also eine Idee für ein neues Dienstleistungsangebot? Wunderbar! Denn das ist die wichtigste Voraussetzung für Ihren Erfolg. Was Ihnen vielleicht noch fehlt, ist ein Marketingkonzept, eine brauchbare Struktur, die Ihnen und Ihren Partnern Richtlinien für die Umsetzung gibt. Genau für diesen Fall ist der vorliegende Leitfaden geschaffen. Der wohl erfreulichste Aspekt daran ist, dass Ihnen das Erstellen Ihres Marketingkonzepts wesentlich leichter fallen könnte, als Sie sich das bis jetzt vielleicht vorgestellt haben. Selbst wenn dieses Marketingkonzept Ihr erstes wird und Sie sich bis jetzt niemals im Leben hätten vorstellen können, dass ausgerechnet Sie so etwas verfassen, wird das Ergebnis wahrscheinlich Ihre Erwartungen übertreffen.

Den Grund dafür dürfen Sie ruhig vorab erfahren: Er liegt in einer Kombination aus der Kraft von Ideen und dem Aufbau dieses Leitfadens. Die Erfahrung zeigt – Sie dürfen getrost davon ausgehen, dass Sie bereits jetzt mehr über Ihr neues Dienstleistungsangebot und dessen Vermarktung wissen, als Ihnen bewusst ist. Denn wenn Sie eine Idee haben und wenn Sie an den Erfolg dieser Idee wirklich glauben, dann schlummern in Ihnen auch die benötigten Folge-Ideen, wie Sie Ihre Dienstleistung bekannt machen werden, erfolgreich verkaufen und damit so viel Geld verdienen, wie Sie sich das vorstellen. Der Leitfaden, den Sie hier vorfinden, orientiert sich primär an der Kraft Ihrer Idee und hilft Ihnen dabei, rundherum die wichtigen Entscheidungen, nützlichen Verfahren und angebrachten Vorgangsweisen so anzuordnen, dass wie von selbst ein schlagkräftiges Marketingkonzept entsteht.

Sie dürfen sich also schon jetzt darauf freuen, dass Sie die Gelegenheit haben, sich Marketing und seine Methoden auf eine so angenehme und interessante Art und Weise nutzbar zu machen. Denn Marketing muss nicht trocken sein, braucht nicht zu verwirren und darf ruhig zu einem nützlichen und kontrollierbaren Instrument werden. Über die Jahre habe ich in hunderten Marketingprojekten mitgewirkt – sowohl in führenden als auch in betreuenden Rollen, als Berater und als Koordinator, als Coach und als Trainer. Wenn ich alle diese Erfahrungen zusammenzähle und daraus eine Konsequenz ableite, dann kann diese nur lauten:

Die Idee ist der Motor, das Marketing ist lediglich das Vehikel.

Was auch immer Ihnen die Experten erzählen – Marketing ist nicht so kompliziert, wie es dargestellt wird, und jeder kann seinen Nutzen aus seinen Instrumenten ziehen. Vertrauen Sie also bei allem, was Sie in Angriff nehmen, immer auf die Kraft Ihrer Idee. Sie ist die Energie, die Ihrer Werbung, Ihrem Verkauf und Ihren Dienstleistungen Leben einhaucht.

Verstehen Sie den vorliegenden Leitfaden genau in diesem Sinn. Er ist ein Instrument, das Ihnen hilft, ohnehin schon Gutes zu verbessern und im Rahmen eines Konzepts zur Reife zu bringen. Und Ihr Konzept wird Sie dabei unterstützen, zu dem zu kommen, was Sie möchten – von Ihren Kunden, von Ihren Kollegen, von Ihren Vorgesetzten, von Ihren Mitarbeitern, von Ihrer Bank und von allen anderen, die Sie überzeugen möchten.

1. Schritt: Ihre Leistung

Dieser Schritt liefert Ihnen eine präzise Beschreibung Ihrer Dienstleistung aus Marketingsicht. Sie erfahren, woraus Ihre Dienstleistung besteht, welchen Nutzen sie bietet und welche persönlichen Bedürfnisse sie anspricht. Darüber hinaus erkennen Sie, was Sie an Ihrer Leistung standardisieren müssen, um Kunden nicht nur zu gewinnen, sondern auch zu behalten.

Ganz am Beginn Ihrer Marketingüberlegungen steht natürlich die Frage, was Sie eigentlich anbieten. Dazu sollten Sie unter den drei Grundtypen unterscheiden, die in Abbildung 1 dargestellt sind. Dienstleistungen weisen nämlich in der Kundenwahrnehmung ein unterschiedliches Maß an Gegenständlichkeit auf. Im ersten Fall steht Ihre Dienstleistung für sich allein und ist völlig immateriell, im zweiten Fall ergänzt sie ein Produkt, das man angreifen kann, und im dritten Fall wird sie selbst zu einem gegenständlichen Produkt. Das jeweilige Maß an Gegenständlichkeit hat, wie wir später noch genauer untersuchen werden, großen Einfluss auf Ihre Marktkommunikation und ist auch für Ihre eventuellen Werbepartner eine wichtige Information.

Abbildung 1: Formen von Dienstleistungen

- **Fall 1:** Wenn Ihre Dienstleistung *nicht an ein gegenständliches Produkt geknüpft* ist, handelt es sich um eine **reine oder echte Dienstleistung.** Beispiele dafür sind eine Rechtsberatung, eine Urlaubsreise oder der Besuch eines Fitness-Studios.
- **Fall 2:** Wenn Ihre Dienstleistung dazu dient, die *Nutzung eines gegenständlichen Produkts* zu ermöglichen oder zu verbessern, handelt es sich um eine **Sekundärdienstleistung.** Beispiele dafür sind: Autos zu verkaufen und ergänzend eine Werkstatt zu betreiben oder Computerlösungen anzubieten und begleitend Schulungen bereitzustellen.
- **Fall 3:** Wenn Ihre Dienstleistung in *einem gegenständlichen Produkt* verpackt ist, handelt es sich um eine **veredelte Dienstleistung.** Ein Beispiel dafür ist die Herstellung von Software, die in Form von CDs vertrieben wird. Diese dritte Form ist eine Sonderform, da in diesem Fall die Grenzen zwischen Dienstleistung und konkretem Produkt zu verschwimmen beginnen.

An dieser Stelle genügt es, wenn Sie sich vorerst Klarheit darüber verschaffen, welchem dieser drei Typen Ihre Leistung angehört.

Was bringt Ihre Leistung Ihren Auftraggebern?

Da Sie nun wissen, von welcher Art und wie „gegenständlich" Ihre Dienstleistung ist, können Sie jetzt untersuchen, wie Ihre Dienstleistung von Ihren Auftraggebern sonst noch wahrgenommen wird. Dazu bedienen Sie sich einfach der Struktur, wie sie in Abbildung 2 dargestellt ist.

Wie die Abbildung 2 zeigt, nehmen Ihre zukünftigen Auftraggeber Ihre Leistung auf drei Ebenen wahr:

- **Die Ebene der Prozesse:** Auf einer sehr sachlichen Ebene gibt es bei Ihrem Auftraggeber eine Vorstellung von den Prozessen, die im Rahmen Ihrer Dienstleistung für ihn erbracht werden – Leute kommen und gehen, vollbringen bestimmte Tätigkeiten, führen Veränderungen durch oder arbeiten daran, Bestehendes zu erhalten. Diese Prozesse können für Ihren Auftraggeber sichtbar

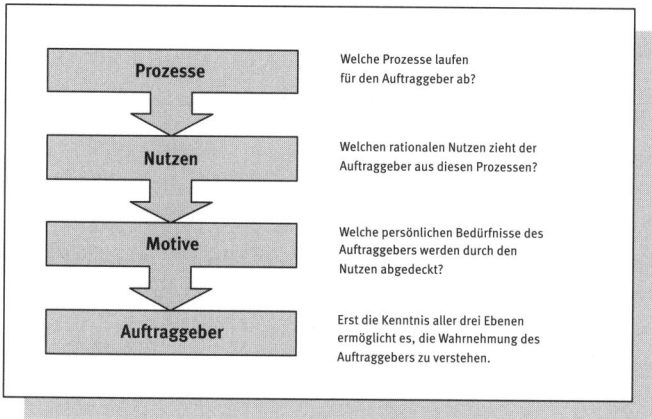

Abbildung 2: Dienstleistung aus Sicht des Auftraggebers

sein oder auch nicht. Denn manche der Prozesse werden direkt an einer Person oder zumindest in Gegenwart des Auftraggebers erbracht, andere wiederum bleiben komplett unsichtbar. Wenn wir als Beispiel ein Abendessen in einem Restaurant betrachten, dann ist der Service ein sichtbarer Prozess, aber die Zubereitung der Speisen bleibt unsichtbar. Ein anderes Beispiel wäre der Besuch einer Computerschulung. Die Abhaltung des Kurses ist sichtbar, über dessen Vorbereitung kann sich ein Teilnehmer nur vage Vorstellungen machen. Die Situation verschärft sich weiter, wenn ein Großteil der Prozesse für den Auftraggeber unsichtbar bleibt, wie das zum Beispiel bei der Individualprogrammierung von Software der Fall ist. Zwar werden dabei in Besprechungen die Anforderungen an das Ergebnis festgelegt, der lange Prozess der Programmierung bleibt aber meist unsichtbar. Als Dienstleistungsanbieter sollten Sie daher Klarheit darüber schaffen, welche Prozesse Sie im Namen Ihrer Auftraggeber erbringen und wie diese ablaufen. Das gilt speziell für eben jene Prozesse, die Ihre Auftraggeber niemals miterleben. Sie erreichen damit, dass sich die vagen (und vielleicht nicht ganz richtigen) Vorstellungen Ihrer Kunden in konkrete Vorstellungen verwandeln, die mehr der Realität entsprechen. Nehmen Sie also in Ihr Marketingkonzept eine Beschreibung aller Prozesse auf, die im Rahmen Ihrer Leistung für Ihre Auftraggeber erbracht werden.

- **Die Ebene des Nutzens:** Ebenfalls auf der sachlichen Ebene angesiedelt ist der Nutzen, den ein Auftraggeber bzw. das Unternehmen eines Auftraggebers aus Ihrer Dienstleistung zieht. Wenn eine Leistung zum Beispiel in der Reparatur eines Autos besteht, dann ist der Nutzen daraus die Wiederherstellung der Benutzbarkeit des Autos und damit der Bewegungsfreiheit des Auftraggebers. Ein anderes Beispiel bietet ein Unternehmen, das eine Versicherung gegen Zahlungsausfälle abschließt. Der Nutzen besteht dann etwa in einem Schutz gegen Liquiditätsprobleme. Ein weiteres Beispiel ist eine Urlaubsreise – der Nutzen könnte zum Beispiel Erholung und damit verbesserte Leistungsfähigkeit sein. Der Nutzen sagt also aus, was die Dienstleistung dem Auftraggeber auf einer sachlichen und sehr konkreten Ebene bringt.

- **Die Ebene der Motive:** Die mit Abstand wichtigste und zugleich tiefste Ebene, auf der Ihre Dienstleistung wahrgenommen wird, ist die Ebene der persönlichen Bedürfnisse. Der rein sachliche Nutzen wird immer von der Befriedigung eines persönlichen Bedürfnisses des Kaufentscheiders begleitet, egal ob ihm das bewusst ist oder nicht. Die wesentlichen Bedürfnisse, die in Kaufentscheidungen eine Rolle spielen, sind jene nach Sicherheit, Gewinn, Prestige, Bequemlichkeit, Kontakt und Gesundheit. Ihre Dienstleistung wird wahrscheinlich mehrere dieser Bedürfnisse ansprechen können. Entscheidend ist allerdings, welches dieser Bedürfnisse am häufigsten zum Kaufmotiv für Ihre Dienstleistung wird. Das können Sie nur durch das Beobachten und vorsichtige Befragen Ihrer (potenziellen) Kunden herausfinden. Vorsicht ist deshalb angebracht, da die relevanten psychischen Prozesse auf dieser Ebene zumindest zum Teil unbewusst ablaufen. Würden Sie nun ein unbewusstes Motiv auf der bewussten Ebene ansprechen, könnte man Ihnen Widerstand entgegenbringen. Gespräche, die Sie mit Kunden zur Klärung der Motivebene führen, verlangen daher immer größte

Sorgfalt. Meistens werden Sie durch indirekte Fragen und Beobachtung mehr erfahren, als wenn Sie das Thema direkt ansprechen.

Abschließend ist in diesem Zusammenhang noch eine Bemerkung angebracht, die den Absatz von B2B-Dienstleistungen (Business-to-Business-Dienstleistungen) betrifft: Mit größter Hartnäckigkeit hält sich der Irrglaube, dass persönliche Bedürfnisse nur bei Kaufentscheidungen für Konsumgüter eine Rolle spielen. Im B2B-Bereich wird meistens nur der Nutzen gesehen und die persönlichen Motive der Kaufentscheider werden völlig außer Acht gelassen. Das ist insofern falsch, als Kaufentscheidungen immer auf der Basis persönlicher Motive getroffen werden. Das heißt, auch wenn eine bestimmte Dienstleistung vordergründig einen Nutzen für das Unternehmen des Käufers bringt, spielen trotzdem die Motive des Kaufentscheiders eine zentrale Rolle. Er kann sich zum Beispiel durch den Kauf der Dienstleistung in seinem Unternehmen absichern, eine persönliche Entlastung schaffen oder seine Karrierechancen verbessern wollen. Kaufentscheidungen werden also immer auf der Basis persönlicher Motive getroffen. Damit ist es selbstverständlich, dass Ihr Marketingkonzept auf jeden Fall auf einem gründlichen Verständnis der beteiligten menschlichen Bedürfnisse aufbaut.

Was an Ihrer Leistung muss standardisiert werden?

Im Zusammenhang mit der Definition und Beschreibung Ihrer Leistung stellt sich auch die Frage, was davon standardisiert werden muss. Diese Frage zielt im Wesentlichen darauf ab, eine konstante Qualität zu realisieren, und spricht dadurch eine wichtige Marketingaufgabe an: Kunden wissen mit der Zeit, was sie erwartet (entweder aus eigenem Erleben oder durch Empfehlungen), können sich auf einen bestimmten Qualitätslevel verlassen und kommen eben deshalb wieder.

Die Standardisierung einer Leistung bzw. deren Qualität kann sich nun mit zwei Themenkreisen beschäftigen:

1 der Standardisierung der Prozesse, die ablaufen, oder

2 der Standardisierung des Verhaltens (der Dienstleistungserbringer).

Obwohl immer beide Arten von Standardisierungen eine Rolle
spielen, können Sie sich diese als die Endpunkte eines Kontinuums
vorstellen. Im einen Extremfall kommt es ausschließlich darauf an,
dass alles immer gleich und wie ein Uhrwerk abläuft. Ein Beispiel
dafür sind die Prozesse, die bei einer Wagenwäsche ablaufen. Im
anderen Extremfall kommt es ausschließlich auf das Verhalten des
Personals an, das zum Beispiel immer gleichermaßen höflich und
zuvorkommend sein soll, wie etwa in einem Luxusrestaurant.

Diese beiden Extremfälle bilden, wie gesagt, die Extrempunkte
eines Kontinuums. Ihre Dienstleistung wird nun irgendwo in diesem Kontinuum einzuordnen sein. Je mehr es sich um eine
Massendienstleistung handelt, umso wichtiger wird die Standardisierung der Prozesse sein. Je mehr es sich um eine individualisierte
und „luxuriöse" Dienstleistung handelt, umso wichtiger ist es, das
Verhalten Ihres Personals zu standardisieren. Es ist zwar immer
notwendig, an beiden Bereichen zu arbeiten – entscheidend ist aber,
das richtige Verhältnis zu finden.

Sie finden diese Zusammenhänge in der Abbildung 3 dargestellt.
Stellen Sie fest, wo sich Ihre Dienstleistung zwischen den beiden
Polen „Massendienstleistung" und „Luxusdienstleistung" befindet,
und Sie wissen, worauf Sie bei der Standardisierung Ihr Hauptaugenmerk richten müssen.

Für die **Standardisierung von Prozessen** müssen Sie einen Weg
finden, die Prozesse, aus denen Ihre Leistung besteht, so gründlich
zu definieren, dass es egal ist, von wem sie erbracht werden. Es darf
möglichst wenig von einzelnen, speziellen Mitarbeitern (und deren
Erfahrung und Gedächtnis) abhängig sein: Ein Tisch in einem
Restaurant muss immer gleich gedeckt werden, egal wer gerade
Dienst hat. Ein Shuttlebus muss immer an denselben Stationen
halten, egal wer das Fahrzeug lenkt. Und ein Routineservice für
einen bestimmten Autotyp muss immer verlässlich dieselben Punkte überprüfen, egal wer den Check durchführt. Nehmen Sie in Ihr

Marketingkonzept auf, welche Prozesse standardisiert werden müssen, nicht aber die Standards selbst. Für Ihr Marketingkonzept ist

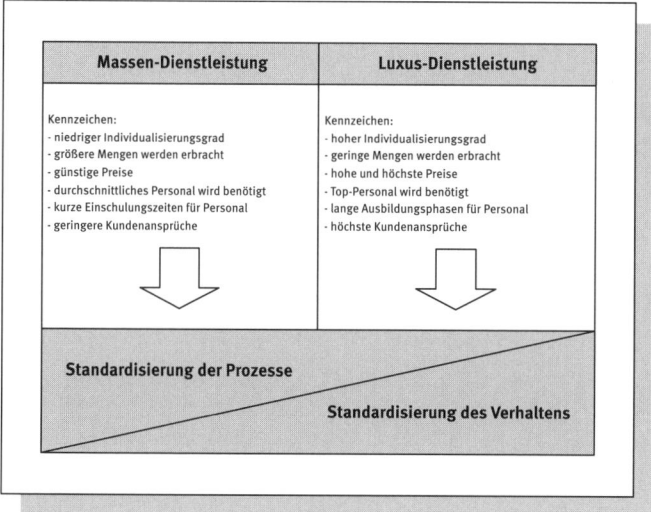

Abbildung 3: Standardisierung von Dienstleistungen

nur wichtig, dass Sie festlegen, was vereinheitlicht werden muss.

Für die **Standardisierung des Verhaltens** müssen Sie sich überlegen, was Ihre Kunden auf dieser Ebene immer gleich haben wollen. Dazu können zum Beispiel Charakteristika wie Höflichkeit, Kompetenz oder Freundlichkeit gehören. Eine Standardisierung dieser „soften" Eigenschaften wird sich natürlich niemals hundertprozentig erreichen lassen. Manche Unternehmen schaffen es aber trotzdem, ein ziemlich gleich bleibendes hohes Niveau zu erzielen. Sie arbeiten dazu auf zwei Ebenen: Erstens, sie stellen nur solche Mitarbeiter ein, von denen zu erwarten ist, dass sie für den Kundenkontakt die notwendigen Eigenschaften (wie Höflichkeit oder Reaktionsbereitschaft) mitbringen. Zweitens, sie erstellen gemeinsam mit ihren Mitarbeitern Verhaltensrichtlinien und arbeiten auch laufend daran, diese Richtlinien aufrechtzuerhalten und ständig zu verbessern.

Zusammenfassung – das kommt in Ihr Marketingkonzept:

- Allgemeine Beschreibung Ihrer Dienstleistung
- Die Art Ihrer Dienstleistung (rein, sekundär oder veredelt)
- Beschreibung der Prozesse, aus denen Ihre Dienstleistung besteht
- Der Nutzen, den Ihre Dienstleistung bietet
- Das wichtigste Kaufmotiv für Ihre Dienstleistung
- Auflistung, welche Prozesse standardisiert werden müssen
- Auflistung, was am Verhalten standardisiert werden muss

2. Schritt: Ihre Ressourcen

Dieser Schritt liefert Ihnen eine konkrete Vorstellung, welche bereits bestehenden Ressourcen Sie für den Aufbau Ihres Dienstleistungsangebots nützen können und wo noch ein Nachholbedarf besteht. Sie erhalten eine genaue Übersicht, welchen Aufwand Sie treiben müssen, um Ihr Vorhaben zu verwirklichen.

Jedes Vorhaben können Sie grundsätzlich von zwei unterschiedlichen Gesichtspunkten aus betrachten. Manche Menschen neigen eher dazu, das zu sehen, was das Vorhaben begünstigt, also alles, was schon vorhanden ist. Andere Menschen bevorzugen es, das zu sehen, was dem Vorhaben im Weg steht, also alles, was noch nicht vorhanden ist. Beide Betrachtungsweisen sind sowohl zulässig als auch nützlich. Denn beide helfen letztendlich, die Situation einzuschätzen und leisten damit ihren Beitrag zur Verwirklichung des jeweiligen Vorhabens. Besonders nützlich ist es allerdings, *beide* Betrachtungsweisen anzuwenden. Es entsteht ein wesentlich vollständigeres Bild. Und genau aus diesem Grund wenden wir hier eben diese Kombination an.

Was steht Ihnen bereits zur Verfügung?

Beginnen Sie einfach damit, sich einen Überblick darüber zu verschaffen, was Ihnen zur Etablierung Ihrer Leistung bereits zur Verfügung steht. Diese „Ressourcen" können alles Mögliche sein: Partner, Räumlichkeiten, spezielles Wissen oder Erfahrungen. Sie können zum Beispiel eine Brainstorming-Liste aufstellen, auf der Sie alles notieren, was Ihnen bereits zur Verfügung steht, um Ihre Dienstleistung ins Leben zu rufen.

Wenn Sie die Sache etwas strukturierter angehen möchten, dann bedienen Sie sich der folgenden Fragestellungen:

- **Welche Menschen stehen Ihnen zur Verfügung,** um die geplante Dienstleistung erfolgreich ins Leben rufen zu können? Das können zum Beispiel Mitarbeiter mit speziellem Know-how sein, Vorgesetzte, die Ihr Vorhaben unterstützen, Partner, die Ihnen

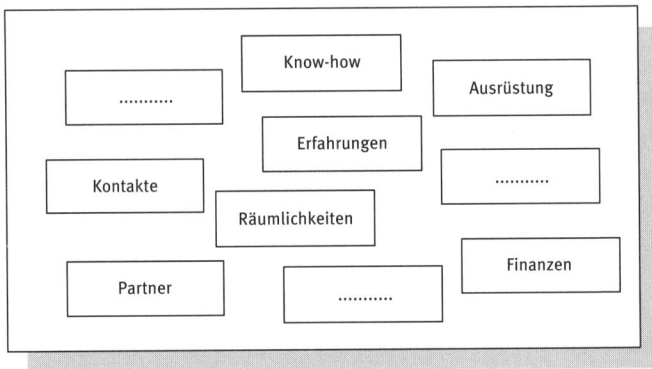

Abbildung 4: Erhebung vorhandener Ressourcen

unter die Arme greifen werden, Bankkontakte, die Ihnen die Finanzierung ermöglichen, oder bestehende Kunden, von denen Sie wissen, dass sie eine neue Leistung rasch ausprobieren werden. Stellen Sie bei dieser Fragestellung Ihren Blick möglichst weit ein – gehen Sie geistig alle Personen durch, die Sie kennen, und fragen Sie sich bei jedem Einzelnen, ob er oder sie Ihnen dabei helfen könnte, Ihr Vorhaben zu verwirklichen.

- **Welche Objekte stehen Ihnen zur Verfügung,** um die geplante Leistung verwirklichen zu können? Das können zum Beispiel sein: Maschinen, Geräte, Räumlichkeiten, Werkzeuge, Ausrüstungen, Büros, Verbrauchsmaterial etc. Auch hier gilt die Grundregel, dass Sie alle bestehenden Möglichkeiten durchgehen und möglichst nichts auslassen. Sie werden mit Sicherheit vorhandene Ressourcen entdecken, die Sie bis jetzt noch gar nicht in Bezug zu Ihrer neuen Dienstleistung gebracht haben.

- **Welche Systeme stehen Ihnen zur Verfügung,** um Ihr Ziel zu erreichen? Diese Frage ist etwas abstrakter und zielt auf nutzbare Strukturen ab, die nicht unbedingt in einzelnen Personen oder Objekten gebunden sind. Folgende Beispiele verdeutlichen die Fragestellung: Für Ihr Vorhaben nützlich sein könnten etwa bestehende Gesellschaftsformen (Firmen), etablierte Kundenclubs, spezielle Abteilungen in Ihrem Unternehmen oder Partnernetzwerke. Die Systeme, die Sie im Rahmen dieser Fragestellung finden, können viele unterschiedliche Gesichter haben. Gemeinsam ist ihnen nur, dass sie immateriell und möglicherweise sehr nützlich für die erfolgreiche Etablierung Ihrer Dienstleistung sind.

- **Welches Wissen steht Ihnen zur Verfügung,** um die geplante Leistung verwirklichen zu können? Diese Frage ist mit der ersten – jener nach den Menschen – eng verknüpft. Da Wissen, Erfahrungen und Know-how besonders für hochwertige, spezialisierte Dienstleistungen eine große Rolle spielen, kann es nicht schaden, diese Ressourcen nochmals getrennt zu hinterfragen. Beispiele sind: Branchen-Know-how, Erfahrungen im Kundendienst, Kenntnis spezieller Verfahren, Erfahrungen mit typischen Problemstellungen, vorhandene Ausbildungen, Zertifizierungen, Lizenzierungen etc.

- **Welche Finanzmittel stehen Ihnen zur Verfügung,** um die geplante Leistung ins Leben rufen zu können? Bedenken Sie – der Aufbau eines neuen Dienstleistungsangebots kostet Geld. Wenn Sie als Einzelunternehmer beginnen, müssen Sie zumindest sich selbst sowie die benötigten Räume und Geräte finanzieren. Wenn Sie im Rahmen eines bestehenden Unternehmens vorgehen, entstehen wahrscheinlich Belastungen durch den Einsatz von anderen Abteilungen und deren Mitarbeitern. Wie auch immer, machen Sie einen Kassasturz und ermitteln Sie, über welches Budget Sie verfügen.

Was steht Ihnen noch nicht zur Verfügung?

Wie am Beginn dieses Schrittes erwähnt, sind für ein vollständiges Bild auch die umgekehrten Fragestellungen notwendig, also:

- Welche *Menschen* müssen noch gewonnen werden?
- Welche *Objekte* müssen erst erschlossen oder erworben werden?
- Welche *Systeme* müssen zugänglich gemacht oder geschaffen werden?
- Welches *Wissen* muss aufgebaut werden?
- Welche *Finanzmittel* müssen beschafft werden?

Welche Ressourcen setzen Sie ein?

Sobald Sie beide Betrachtungsweisen (was habe ich, was fehlt mir) durchgearbeitet haben, werden Sie genau wissen, auf welchen Ressourcen Sie Ihr Vorhaben aufbauen. In der Abbildung 5 ist dieser Zusammenhang stilisiert dargestellt. Ihre vorhandenen und noch zu erschließenden Ressourcen (durchbrochene Linien) bilden eine Pyramide, von der die Dienstleistung selbst getragen wird.

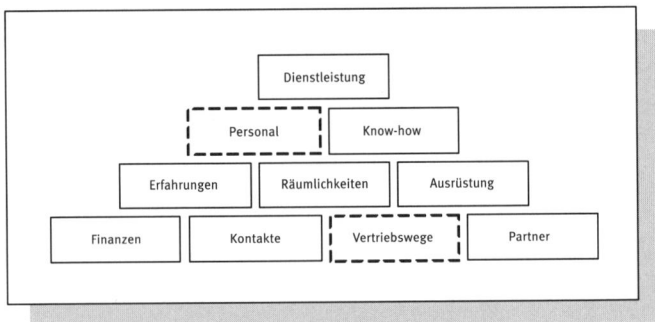

Abbildung 5: Ressourcen als Basis der Dienstleistung

In Ihr Marketingkonzept nehmen Sie am besten eine prägnante und strukturierte Aufstellung sowohl der vorhandenen als auch der zu beschaffenden Ressourcen auf. Sie können das auch in Form einer Gegenüberstellung tun. Eine Gegenüberstellung hat den Vorteil, dass auf einen Blick zu erkennen ist, wie realistisch das Vorhaben ist und welcher Aufwand nötig ist, um die Dienstleistung tatsächlich Wirklichkeit werden zu lassen.

Zusammenfassung – das kommt in Ihr Marketingkonzept:

- Vorhandene Ressourcen, die genützt werden können (Menschen, Objekte, Systeme, Wissen, Finanzmittel)
- Ressourcen, die noch aufgebaut werden müssen
- Ggf. eine Gegenüberstellung der vorhandenen/aufzubauenden Ressourcen

3. Schritt: Ihre Ziele

Dieser Schritt liefert Ihnen fest definierte Ziele, die als solide Basis für Ihren Erfolg unerlässlich sind. Die Verknüpfung Ihrer Jahresziele mit Ihrer „Mission" und Ihrer „Vision" ermöglicht Ihnen eine geradlinige und konzentrierte Vorgangsweise.

Welche Dienstleistung auch immer Sie anbieten möchten, Sie werden damit ganz bestimmte Ziele verfolgen. Auch wenn diese vielleicht noch nicht so ganz konkret ausformuliert sind, so haben Sie doch eine – vielleicht vage – Vorstellung davon, was Sie erreichen möchten. Dieser Abschnitt dient Ihnen dazu, Ihre Ziele zu konkretisieren und in eine Form zu bringen, die in einem Marketingkonzept gefragt ist. Damit erreichen Sie zweierlei: Erstens wissen Sie selbst genauer, wohin Sie mit Ihren Dienstleistungen kommen möchten. Das führt automatisch dazu, dass Sie konsequenter vorgehen und vielleicht unnötige Seitenäste vermeiden. Zweitens machen Ziele Ihr Marketingkonzept für andere erst wirklich lesbar. Sie liefern sozusagen die Begründung dafür, warum Sie so und nicht anders vorgehen.

Welche Ziele verfolgen Sie?

Grundsätzlich lässt sich zu Marketingzielen erst einmal festhalten, dass sie, wie in Abbildung 6 dargestellt, aus mehreren Bereichen stammen können.

- Es kann sich um **Marktstellungsziele** handeln, also den Umsatz oder den Marktanteil, den Sie erreichen möchten.
- Es kann sich um **finanzielle Ziele** handeln, wie etwa einen bestimmten Gewinn zu erwirtschaften oder ein gewünschtes Maß an Liquidität zu verwirklichen.
- Es kann sich um **Imageziele** handeln, wie einen zu definierenden Bekanntheitsgrad bei einer Zielgruppe zu erreichen oder eine bestimmte Kundenbindung (geringe Abwanderungsrate) zu verwirklichen.

- Es kann sich um **soziale Ziele** handeln, wie die Zufriedenheit Ihrer Mitarbeiter (geringe Personalfluktuation) oder deren Einkommenssicherheit.

Jahres-ziele	Marktstellung: z.B. Umsatz, Marktanteil finanzielle Ziele: z.B. Gewinn, Liquidität, Rentabilität Imageziele: z.B. Bekanntheitsgrad, Zufriedenheit, Kundenbindung soziale Ziele: z.B. Mitarbeiterzufriedenheit, Einkommenssicherheit

Abbildung 6: Spektrum möglicher Jahresziele

Wie Sie weiter aus der Abbildung 6 erkennen können, ist es im Marketing üblich, Jahresziele festzulegen. Dabei haben sich die Zeitabschnitte von ein, zwei und drei Jahren eingebürgert. Die Ziele, die Sie auf den Zeitraum von einem Jahr beziehen, geben Ihnen eine kurz- und mittelfristige Orientierung. Jene Ziele, die Sie in zwei oder drei Jahren erreicht haben möchten, sorgen dafür, dass Sie langfristig Ihre Ausrichtung beibehalten. (Dazu noch eine Anmerkung für die spätere Zukunft: Sie können mit Ihren Zielen „rollierend" verfahren. In einem Jahr überprüfen Sie die Erreichung der 1-Jahresziele, die 2-Jahresziele werden nach eventueller Adaption zu den neuen 1-Jahreszielen usw. Damit stellen Sie eine hohe Kontinuität in Ihrer Zielorientierung sicher.)

Sie müssen in Ihrem Marketingkonzept natürlich nicht alle der in Abbildung 6 angeführten Möglichkeiten in Ihren 1-, 2- und 3-Jahreszielen verwenden. Zu viele Ziele würden nur verwirren und das wäre kontraproduktiv. Sinnvoller ist es, wenn Sie für jedes Jahr aus jedem Bereich (Marktstellung, Finanzen, Image und sozialer Auftrag) je ein Ziel definieren. Dann haben Sie eine gute Kombination, die das Wesentliche abdeckt. Das könnte zum Beispiel so aussehen:

Beispielziele für das Jahr 1:
- Wir haben einen Jahresumsatz von Euro 200.000,- erwirtschaftet.

- Wir erwarten für dieses Jahr keinen Gewinn, aber auch keine Verluste.
- 70 % unserer Auftraggeber erklären, dass sie uns wieder beauftragen werden.
- Unsere Mitarbeiterfluktuation liegt unter 20 %.

Beispielziele für das Jahr 2:
- Wir haben einen Jahresumsatz von Euro 250.000,- erwirtschaftet.
- Für dieses Jahr erwarten wir 5 % Gewinn.
- 70 % unserer Auftraggeber haben uns erneut beauftragt.
- Unsere Mitarbeiterfluktuation liegt unter 10 %.

Beispielziele für das Jahr 3:
- Wir haben einen Jahresumsatz von Euro 250.000,- erwirtschaftet.
- Für dieses Jahr erwarten wir 10 % Gewinn.

Was die Form Ihrer Ziele anbelangt, sollten diese einige einfache Bedingungen erfüllen:

- Erstens, Ziele müssen unbedingt *überprüfbar* sein. Ein Ziel, das so formuliert ist, dass sich nicht feststellen lässt, ob es erfüllt wurde, ist kein Ziel.
- Zweitens, Ziele müssen auf einen *Zeitpunkt* bezogen sein. Wenn in einem Ziel kein Zeitpunkt für seine Erreichung enthalten ist, bleibt es ein unverbindliches Vorhaben.
- Drittens, Ziele müssen *erreichbar* sein. Ein Fantasieziel, das niemals wirklich erreicht werden kann, ist demotivierend und damit kontraproduktiv.
- Viertens, Ziele sollten *herausfordernd* sein. Ein Ziel, das sich praktisch von selbst erreicht, wirkt ebenfalls demotivierend.

Gehen Sie bei Ihren Zielformulierungen am besten so vor, dass Sie in einem ersten Schritt den gewünschten Zustand ganz allgemein und frei weg von der Leber beschreiben. Machen Sie sich anschließend auf die Suche nach überprüfbaren Parametern, die diesen Sollzustand mit „hard facts" beschreiben. Daraus und aus dem zugeordneten Zeithorizont können Sie Ziele ableiten, die den oben genannten Kriterien genügen.

In welchem Kontext stehen Ihre Ziele?

Ihre Ziele stehen mit zwei anderen Festlegungen in enger Verbindung, die im Marketing „Mission" und „Vision" genannt werden. Beide sind sehr nützlich, um die grundlegende Ausrichtung Ihres Unternehmens oder Ihrer Abteilung zu beschreiben. Abbildung 7 zeigt diese Zusammenhänge.

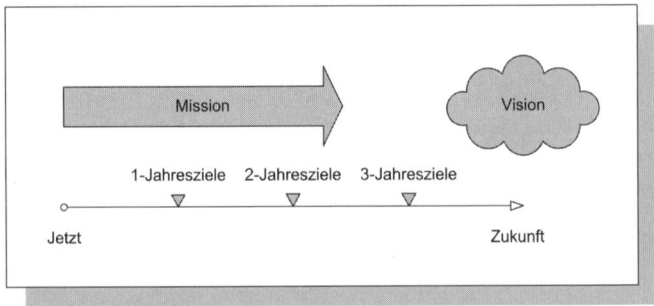

Abbildung 7: Zusammenhang von Mission, Vision und Jahreszielen

Unter Ihrer „**Mission**" ist der Auftrag Ihres Dienstleistungsbetriebes zu verstehen. Mit anderen Worten, die Mission ist der Beitrag, den Ihr Unternehmen für die Gesellschaft leistet, speziell für das Wohlergehen Ihrer Kunden. Bei der Suche nach Ihrer Mission kann Ihnen auch folgende Frage helfen: „Was würde fehlen, wenn es uns nicht geben würde?"

Um den Inhalt von **Mission-Statements** noch etwas klarer zu machen, hier ein paar **Beispiele**:

- Die Mission eines *Wellness-Hotels* könnte beispielsweise lauten: „Mit unserem Angebot sorgen wir für verbesserte Befindlichkeit unserer Besucher und leisten einen Beitrag für die Gesundheit in unserer Gesellschaft."

- Die Mission eines *Abenteuer-Reiseveranstalters* könnte lauten: „Unsere Reisen bieten außergewöhnliche Erlebnisse und fördern in unserer Gesellschaft ein tieferes Verständnis der Natur."
- Die Mission eines *Technologie-Dienstleisters* könnte lauten: „Wir sorgen für die Verlässlichkeit der Infrastruktur unserer Kunden und leisten damit einen Beitrag zur wirtschaftlichen Stabilität in unserem Land."

Wie Sie an diesen Beispielen erkennen können, sollte Ihre Mission weitgehend unabhängig von speziellen Verfahren, Technologien oder Vorgangsweisen formuliert sein. Sie dient dazu, den Zweck Ihrer Unternehmung auf einer höheren Ebene zu beschreiben. Genauso wie Ihre Zieldefinitionen ist Ihre Mission damit ein wesentliches Kommunikationsinstrument in Richtung Ihrer Mitstreiter. Durch ihre identitätsbildende Wirkung ist sie aber auch eine wichtige Aussage in Richtung Ihrer Kunden und der gesamten Öffentlichkeit. Nehmen Sie sich also die Zeit, den höheren Zweck Ihres Vorhabens in einem Mission-Statement zu beschreiben.

Bleibt noch aufzuklären, was unter einer **„Vision"** zu verstehen ist. Eine Vision ist eine Art Fernziel, also ein vielleicht noch etwas unrealistisches Ziel, das aber umso leuchtender über allen Ihren Aktivitäten stehen sollte. Das wesentliche Kennzeichen einer Vision ist, dass sie (im Gegensatz zu einem konkreten Ziel) mit den heute zur Verfügung stehenden Mitteln noch nicht erreichbar ist. Wenn Sie sich also in der ferneren Zukunft als Marktführer in Ihrer Branche sehen oder davon träumen, in einem bestimmten Gebiet als der führende Experte gehandelt zu werden, dann ist das genau der Stoff, aus dem Marketing-Visionen gemacht sind.

Hier wieder einige **Beispiele**, welche Formen solche Visionen annehmen können:

- *Wellness-Hotel:* „Wir sind das beste Haus am Platz. Unsere Qualität hat sich so herumgesprochen, dass wir fast permanent ausgebucht sind."
- *Abenteuer-Reiseveranstalter:* „Wir bieten ein ausgesuchtes Angebot auf allen fünf Kontinenten, beschäftigen die besten Reiseleiter der Branche und gelten als ausgesprochener Geheimtipp."

• *Technologie-Dienstleister:* „Wir sind im Großraum Wien die Nummer Eins für die laufende Betreuung komplexer IT-Infrastrukturen."

Sie werden sich nun vielleicht fragen, was es für einen Sinn macht, beim Aufbau eines neuen Dienstleistungsangebots solche (unrealistischen) Visionen zu entwickeln. Nun, die Wirkungsweise besteht darin, dass Sie mit Ihrer Vision Ihr Traumziel zum Bestandteil Ihres Konzepts und damit Ihrer Vorgangsweise machen. Während Ihre Ziele möglichst von Realismus geprägt sein sollten, haben Sie mit der Vision einen Platz für Ihre Träume zur Verfügung. Und Träume haben erfahrungsgemäß eine starke Energie in sich, die Sie unbedingt nützen sollten. Denn alles, was Sie sich vorstellen können, kann auch Wirklichkeit werden. Vorausgesetzt, Sie erlauben sich zu träumen.

Zusammenfassung – das kommt in Ihr Marketingkonzept:

• Ihre Mission als Dienstleistungsanbieter
• Ihre Vision als Dienstleistungsanbieter
• Ihre 1-Jahresziele
• Ihre 2-Jahresziele
• Ihre 3-Jahresziele

4. Schritt: Ihre Zielgruppe

Dieser Schritt liefert Ihnen die Definition(en) Ihrer Zielgruppe(n). Anschließend sind Sie in der Lage, sich aktiv an genau jene Personenkreise zu wenden, bei denen Sie mit Ihrem Angebot den größten Erfolg haben werden.

In diesem Abschnitt beschäftigen wir uns mit einer der wichtigsten Fragen für den Erfolg Ihres Dienstleistungsvorhabens: Wer soll Ihre Leistungen kaufen? Dazu ist es nützlich, wenn wir uns kurz in Erinnerung rufen, woraus eine Zielgruppe besteht. Um gleich mit dem Wichtigsten zu beginnen: **Zielgruppen werden immer von Personen gebildet.** Eine Zielgruppendefinition darf also niemals mit „Unternehmen, die ..." beginnen, denn das würde nicht dem Wesen einer Zielgruppe entsprechen – das schließlich darin besteht, dass Sie eine Gruppe von Personen mit ähnlichem Verhalten zusammenfassen und aktiv ansprechen. Womit wir auch schon beim zweiten Merkmal von Zielgruppen sind: Es handelt sich dabei um **Gruppen, die Sie aktiv bearbeiten.** Daher versteht es sich von selbst, dass nur solche Gruppen zu Ihren Zielgruppen werden können, deren Mitglieder Sie aus der Anonymität herausfiltern und tatsächlich erreichen können. Die Zielgruppe „Alle Menschen, die gerne Rad fahren" bildet zwar einen Personenkreis – nützen würde eine solche Definition allerdings nicht viel, da diese Gruppe sehr unbestimmt bleibt. Um sie zu erreichen, hätte man mit riesigen Streuverlusten zu rechnen. Auch das dritte wichtige Merkmal, das jede Zielgruppe aufweisen muss, wurde oben bereits angeschnitten: **Eine Zielgruppe muss homogen sein,** das heißt, die Mitglieder der Zielgruppe kennzeichnet etwas an ihrem Verhalten, das sie für die Inanspruchnahme der jeweiligen Leistung prädestiniert. Die Mitglieder müssen einen bestimmten ähnlichen Nutzen finden, der auf Basis vergleichbarer Wertvorstellungen, Glaubenssätze, Erfahrungen, Einschätzungen, Rollenbilder etc. besteht. Aus diesem Grund werden die Mitglieder einer Zielgruppe oft aus der gleichen sozialen Schicht stammen, ähnliche Berufe haben oder sich im selben Lebensabschnitt befinden.

Fassen wir also zusammen – sinnvolle Definitionen von Zielgruppen genügen drei wesentlichen Kriterien:

- Ihre Zielgruppe besteht aus Personen.
- Die Mitglieder Ihrer Zielgruppe sind erreichbar.
- Die Mitglieder Ihrer Zielgruppe reagieren ähnlich bezüglich Ihres Angebots.

Zielgruppendefinitionen könnten also zum Beispiel lauten:
„FahrerInnen der Automarke X in den Bezirken 3, 4 und 7."
„IT-Leiter in Unternehmen ab 500 Mitarbeiter im Großraum Wien."
„Abonnenten von Naturzeitschriften im deutschsprachigen Raum."
„StudentInnen der Wirtschaftsuniversität in München."

Welche Zielgruppen könnten Ihre sein?

Ausgestattet mit diesem Wissen können Sie nun darangehen, die möglichen Zielgruppen für Ihr spezielles Angebot zu finden.

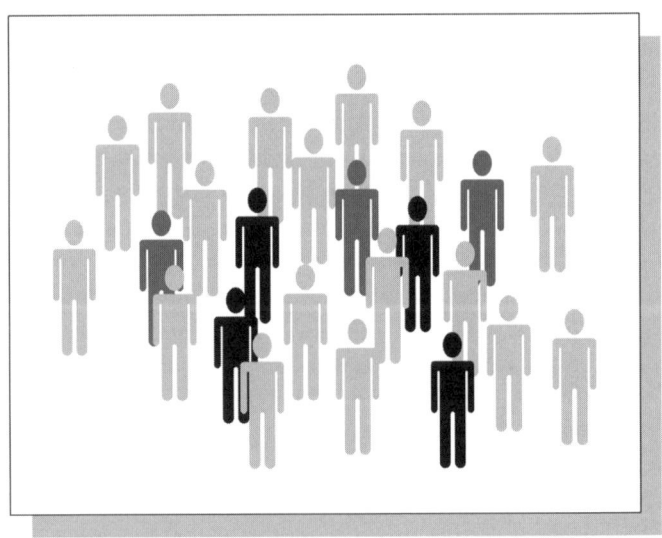

Abbildung 8: Zielgruppenmitglieder im Markt

Die in der Abbildung 8 dargestellten Figuren symbolisieren die Gesamtmenge Ihrer potenziellen Abnehmer. Das sind all jene, die Ihre Dienstleistung überhaupt theoretisch in Anspruch nehmen könnten. Das Prinzip besteht nun darin, aus dieser Gesamtmenge der potenziellen Abnehmer jene Teilgruppen (also Zielgruppen) auszuwählen, die Sie mit Ihrem Angebot aktiv und konzentriert ansprechen könnten. In der Abbildung 8 sind zwei solche mögliche Zielgruppen durch dunkelgraue und schwarze Figuren angedeutet.

Schreiben Sie an dieser Stelle einige der für Ihr Angebot möglichen Zielgruppen nieder. Im Folgenden werden wir uns damit beschäftigen, aus diesen Möglichkeiten die für Sie attraktivsten Chancen zu ermitteln. Für den unwahrscheinlichen Fall, dass Sie nur eine einzige mögliche Zielgruppe zur Verfügung haben, belassen Sie es bei dieser einen Gruppe und überspringen Sie einfach den nächsten Punkt.

Bei wem sind Ihre Chancen am besten?

Wenn Sie für Ihre Dienstleistung mehrere mögliche Zielgruppen gefunden haben, dann sollten Sie diesen Punkt mit der größten Aufmerksamkeit durchgehen. Es stellt sich dann nämlich die Frage, bei welcher bzw. bei welchen Zielgruppen Ihre Erfolgsaussichten am größten sind. Denn in den meisten Fällen werden Ihre Ressourcen zur aktiven Marktbearbeitung limitiert sein. Es wird sich als notwendig erweisen, sie genau dort einzusetzen, wo Ihre Chancen am größten sind. Vor allem Newcomern (neuen Unternehmen, neuen Dienstleistungsabteilungen) sei an dieser Stelle dringend geraten, ihre Kräfte nicht zu zerstreuen. Oft wäre ein Dienstleistungsangebot für viele Zielgruppen interessant – deren gleichzeitige Bearbeitung würde aber die vorhandenen Mittel und Möglichkeiten entweder übersteigen oder so sehr verdünnen, dass letztendlich keine der Zielgruppen wirklich sinnvoll angesprochen wird. Wesentlich geschickter ist es, die möglichen Zielgruppen konzentriert und eventuell nacheinander zu erschließen. Und dafür müssen Sie wissen, wo Ihre Erfolgsaussichten am besten sind. Im Marketing werden diese Erfolgsaussichten als „**Attraktivität**" **der jeweiligen Zielgruppe** bezeichnet. Diese Attraktivität wird nun von mehreren Faktoren bestimmt. Dazu gehören:

- **Größe:** Wie groß ist die Gruppe, die Sie mit Ihrem Angebot ansprechen möchten? Hat die Zielgruppe überhaupt ausreichend Mitglieder, damit Sie mit dem geplanten Angebot wirtschaftlichen Erfolg verbuchen können?
- **Erreichbarkeit:** Wie leicht sind die Mitglieder der Zielgruppe mit Marketing-Maßnahmen erreichbar? Gibt es bereits Adressmaterial und bestehen zu der Zielgruppe vielleicht sogar schon Vertriebskanäle, die Sie nutzen können?
- **Mitbewerb:** Wie stark ist die Präsenz des Mitbewerbs bei der Zielgruppe? Wie hoch sind seine Marktanteile? Hätten Sie als neuer Anbieter realistische Chancen bei dieser Zielgruppe?
- **Kaufbereitschaft:** Wie rasch würde Ihr Angebot von den Mitgliedern dieser Zielgruppe angenommen werden? Gibt es einen starken Bedarf? Bietet Ihr Angebot hohen Nutzen, schnelle Vorteile für die Zielgruppe?
- **Wirtschaftliche Situation:** Wie ist die wirtschaftliche Situation und damit die Investitionsbereitschaft der Zielgruppe? Ist abzusehen, ob die Mitglieder der Zielgruppe für Ihr Angebot überhaupt Geld ausgeben können oder wollen?
- **Abnehmerbindungen:** Verfügt Ihr Unternehmen über bereits bestehende Abnehmerbindungen zu der Zielgruppe, die eine Einführung des neuen Angebots erleichtern könnten?
- **Strategische Bedeutung:** Wäre die Erschließung der Zielgruppe für Ihr Unternehmen aus anderen, strategischen Gründen von Bedeutung?

Wenn Sie also Ihre möglichen Zielgruppen miteinander vergleichen, dann stellen Sie am besten genau diese Punkte gegenüber, so wie in der Abbildung 9 angedeutet.

In der Abbildung 9 werden exemplarisch zwei Zielgruppen miteinander verglichen – beide Zielgruppen wären gleich gut erreichbar, wobei die Gruppe „grau" etwa vier Mal so groß ist wie die Gruppe „schwarz". Da Erstere aber bereits stark vom Mitbewerb bearbeitet wird, ist die Gruppe „schwarz" insgesamt wahrscheinlich attraktiver – sie ist zwar klein, aber weitgehend unbearbeitet.

Stellen Sie analog zur Abbildung 9 eine Übersicht auf, in der Sie Ihre möglichen Zielgruppen und deren Attraktivitäts-Merkmale vergleichen. Dann wird es leicht, die Auswahl zu treffen, welche Zielgruppe(n) Sie tatsächlich bearbeiten werden.

	Größe	Erreichbarkeit	Mitbewerb	usw.
	ca. 2000	gut	hoch	....
	ca. 500	gut	gering	...

Abbildung 9: Attraktivität unterschiedlicher Zielgruppen

Abschließend dazu noch ein wichtiger Hinweis: Seien Sie bei der Auswahl so wählerisch und so sparsam wie nur möglich. Nehmen Sie nur so viele Zielgruppen in Ihr Marketingkonzept auf, wie Sie auch tatsächlich gleichzeitig bearbeiten können. Im Zweifelsfall verzichten Sie lieber auf eine Gruppe zugunsten der umfassenderen Bearbeitung einer anderen.

Wie sind die Mitglieder Ihrer Zielgruppe zu erkennen?

Gesetzt den Fall, Sie haben nun eine (vielleicht auch zwei oder drei) Zielgruppe(n) ausgewählt, die Sie zum Zentrum Ihrer Aktivitäten machen werden – genau wie in Abbildung 10 dargestellt.

Für die weitere Bearbeitung Ihrer Zielgruppe ist es dann von großem Wert, wenn Sie eine Beschreibung haben, wer diese Personen sind und welchen Einflüssen sie ausgesetzt sind. Ein einfacher Zugang steht Ihnen zur Verfügung, wenn Sie das Umfeld Ihrer Zielgruppe genauer untersuchen und daraus einen „Steckbrief" ableiten. Stellen Sie sich dazu folgende Fragen:

- Welchem **wirtschaftlichen Umfeld** ist Ihre Zielgruppe ausgesetzt? Aus dieser Frage können Sie alle Faktoren ableiten, welche die Kaufkraft und die Investitionsbereitschaft Ihrer Zielgruppe beeinflussen. Sie sollten vor allem wissen, wie es um Ihre Zielgruppe zurzeit finanziell bestellt ist und welche Änderungen in den nächsten Jahren zu erwarten sind.

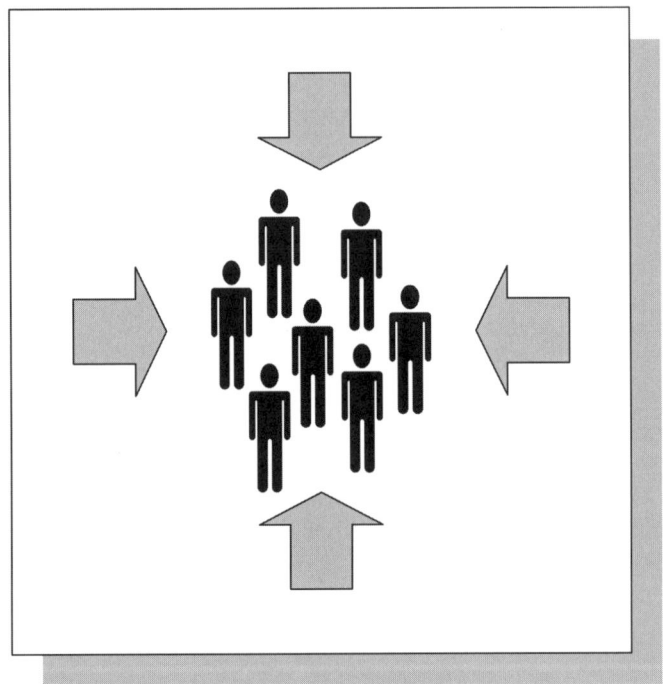

Abbildung 10: Die Zielgruppe als Zentrum aller Aktivitäten

- Woraus besteht das **soziale Umfeld** Ihrer Zielgruppe? Diese Frage liefert Ihnen Hinweise, welche Bezugsgruppen auf Ihre Zielgruppe Einfluss nehmen. Das ist insofern bedeutsam, da diese Bezugsgruppen zumindest indirekt auch die Kaufentscheidungen Ihrer Zielgruppe mitbestimmen.
- Worin besteht das **technologische Umfeld** Ihrer Zielgruppe? Diese Frage zielt auf den Umgang Ihrer Zielgruppe mit Techno-

logie ab. Daraus erkennen Sie, welche Technologien Ihrer Zielgruppe zur Verfügung stehen und welche Technologien sie aktiv nützt. Das technologische Umfeld liefert auch viele Indikatoren für die Annahmebereitschaft neuer Technologien und Verfahren.

- Wie ist das **politisch/rechtliche Umfeld** Ihrer Zielgruppe aufgebaut? Damit sind Gesetze, Behörden und Interessengruppen gemeint, die auf Ihre Zielgruppe Einfluss nehmen. Diese definieren den gesetzlichen Rahmen, innerhalb dessen sich Ihre Zielgruppe bewegen kann. Der gesetzliche Rahmen beschreibt, welche Aktivitäten Ihrer Zielgruppe erlaubt sind, welche unterbunden oder welche gefördert werden. Auch die vielen kleinen gesetzlichen Auflagen liefern oft Hinweise auf Absatzchancen.
- Welchem **kulturellen Umfeld** ist Ihre Zielgruppe ausgesetzt? Das kulturelle Umfeld wird von der Kultur und den Subkulturen gebildet, welche die Grundwerte und Anschauungen Ihrer Zielgruppe bestimmen.

Wenn Sie sich mit diesen Fragen beschäftigen, werden Sie vieles über Ihre Zielgruppe erfahren, das Ihnen in der Marktbearbeitung von großem Nutzen sein wird. Stellen Sie aus den wesentlichen Ergebnissen einen kurzen „Steckbrief" Ihrer Zielgruppe zusammen und nehmen Sie diesen ebenfalls in Ihr Marketingkonzept auf.

Zusammenfassung – das kommt in Ihr Marketingkonzept:

- Zielgruppendefinition(en)
- Begründung zur Auswahl (Bezugnahme auf Attraktivität)
- Mögliche weitere Zielgruppen (für einen späteren Bearbeitungszeitraum)
- Steckbrief(e) Ihrer Zielgruppe(n)

5. Schritt: Ihre Positionierung

Dieser Schritt liefert Ihnen eine kurze und prägnante Aussage, warum Ihr Dienstleistungsangebot für Ihre Zielgruppe interessant ist und welche Ihre spezielle Stellung als Anbieter ist. Die Positionierung dient Ihnen in weiterer Folge zur Synchronisierung aller Marketingaktivitäten.

Sobald Sie Ihre Zielgruppe bestimmt haben, können Sie sich daranmachen, Ihre Marktpositionierung festzulegen. Die Funktion einer (Markt-)Positionierung ist eine sehr grundlegende: Sie stellt das Bild dar, das Ihre Zielgruppe von Ihnen und Ihren Leistungen entwickeln soll. Würden Sie Ihre Positionierung nicht aktiv festlegen, dann entsteht ein mehr oder weniger zufälliges Bild. Kaum ein anzustrebender Zustand, da es eine zentrale Marketingaufgabe ist, einen ganz bestimmten Platz in der Vorstellungswelt Ihrer bestehenden und zukünftigen Kunden zu erringen. Um bei Ihrer Zielgruppe ein Bild gezielt erzeugen zu können, müssen Sie aber zuerst selbst wissen, wie es aussehen soll. Dafür ist es nützlich, wenn Sie die Antworten auf zwei grundsätzliche Fragen kennen:

Warum werden Leistungen wie Ihre überhaupt gekauft?

Die Mitglieder Ihrer Zielgruppe werden unterschiedliche Gründe vorbringen können, warum sie Leistungen wie jene, die Sie anbieten, in Anspruch nehmen. Was uns hier aber im Speziellen interessiert, ist die Frage nach den persönlichen Motiven. Wir haben dieses Thema bereits im ersten Schritt (Ihre Leistung) gestreift. Dort haben wir uns damit beschäftigt, dass bei einem Kauf Ihrer Dienstleistung neben dem „rationalen" Nutzen immer ein persönliches Bedürfnis im Spiel ist. Dieses Motiv ist als der wahre Motor von Kaufentscheidungen zu werten. An dieser Stelle sollten Sie sich nochmals die Frage stellen, welche **persönlichen Motive** bei Ihrer Zielgruppe eine Rolle spielen. In Abbildung 11 ist eine entsprechende Situation dargestellt.

Nehmen wir an, es würde sich bei der Dienstleistung um Computerservices handeln, die Zielgruppe wären die Inhaber von Kleinunternehmen (weniger als zehn Mitarbeiter) in einem be-

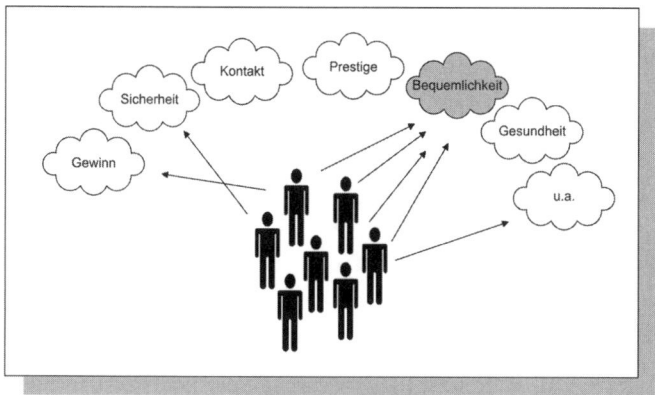

Abbildung 11: Wichtigstes Kaufmotiv einer Zielgruppe

stimmten geografischen Gebiet. Um Leistungen dieser Art in Anspruch zu nehmen, wird es, genauso wie in Abbildung 11 dargestellt, bei den einzelnen Mitgliedern der Zielgruppe unterschiedliche Kaufmotive geben. Manche werden sich aus Gründen der Sicherheit zum Kauf entschließen, für andere wird Gewinn (Kostenminimierung) die Hauptrolle spielen, andere wird in erster Linie die Bequemlichkeit motivieren, sich um diese Dinge nicht auch noch kümmern zu müssen. Für Sie ist nun entscheidend, das wichtigste dieser Motive zu erkennen. Das wichtigste insofern, als es – wie in der Abbildung dargestellt – die größte Anzahl von Zielgruppenmitgliedern anspricht. Am besten finden Sie das durch Gespräche mit Personen heraus, die Ihrer Zielgruppe angehören.

Ergänzend muss noch darauf hingewiesen werden, dass es an dieser Stelle ausschließlich interessiert, warum Leistungen Ihrer Art gekauft werden. Umgelegt auf unser Beispiel bedeutet das, dass Sie fragen würden: „Warum werden überhaupt solche Computerservices gekauft?" – und noch nicht: „Warum werden solche Services von unserer Firma gekauft?" Halten Sie also Ihr eigenes Unternehmen bei dieser Fragestellung vorläufig noch heraus und beschränken Sie sich darauf, das wesentliche Motiv zu finden, das ganz allgemein in Richtung eines Kaufs von Leistungen wie der Ihren führt. Sobald Sie die Antwort auf diese Frage kennen, haben Sie den ersten Schritt zu einer schlagkräftigen Marktpositionierung getan.

Warum soll bei Ihnen gekauft werden?

Die zweite Frage, die Sie auf dem Weg zu Ihrer Marktpositionierung beantworten müssen, ist die Frage nach Ihrer **USP (Unique Selling Proposition)**. Mit anderen Worten, welchen Grund sollte ein Kunde haben, die betreffenden Leistungen ausgerechnet bei Ihnen und nicht bei einem Ihrer Mitbewerber zu kaufen? Diese Frage ist sogar dann zulässig, wenn es zum Zeitpunkt Ihres Markteintritts noch gar keinen Mitbewerb gibt. In diesem Fall grenzt eine starke USP Sie von der mit der Zeit zu erwartenden Konkurrenz im Voraus ab.

Woraus kann Ihre USP nun bestehen? Welchen speziellen Grund könnten Ihre Kunden haben, ausgerechnet bei Ihnen zu kaufen? Die Antwort darauf können nur Sie selbst finden: Es kann zum Beispiel eine spezielle Eigenschaft Ihrer Dienstleistung sein, die Anwendung eines besonderen Verfahrens, das Image Ihres Unternehmens, Besonderheiten Ihrer Mitarbeiter usw. Da es das Ziel einer USP ist, Ihr Leistungsangebot unverwechselbar zu kennzeichnen, ist es natürlich am besten, wenn Sie tatsächlich ein

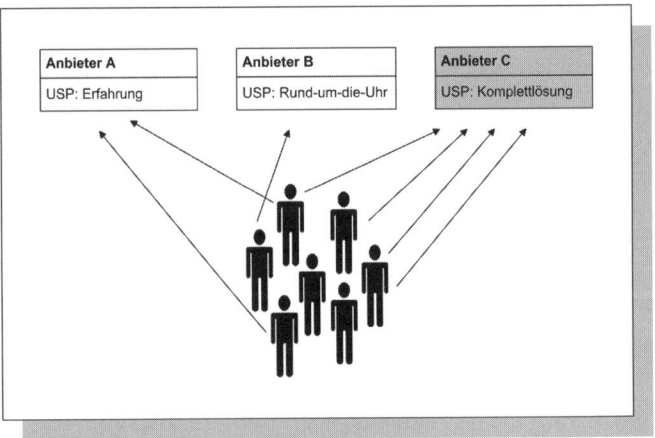

Abbildung 12: Alleinstellungsmerkmale von Anbietern

einzigartiges (unique) Merkmal auswählen. Bei unserem Beispiel mit den Computerservices könnte die Situation wie in Abbildung 12 dargestellt aussehen: Die beiden Mitbewerber (A und B) setzen in ihrer Positionierung auf die Alleinstellungsmerkmale „Erfahrung" bzw. „Rund-um-die-Uhr-Service". Als dritter Anbieter entscheidet sich das Unternehmen aus unserem Beispiel dafür, den ganzheitlichen Ansatz seines Angebots („Komplettlösungen") in den Mittelpunkt zu stellen. Natürlich in der Hoffnung, dass möglichst viele Mitglieder der Zielgruppe sich davon angesprochen fühlen.

Überlegen Sie also, was Ihr Angebot gegenüber dem bestehenden und vielleicht auch zukünftigen Mitbewerb am besten abgrenzt, und zwar in einer für Ihre Zielgruppe attraktiven Weise. Dieses Merkmal Ihrer Leistungen, Ihres Unternehmens oder Ihrer Mitarbeiter wird künftig die USP Ihres Dienstleistungsangebots darstellen.

Wie formulieren Sie Ihre Positionierung?

Um zu Ihrer fertigen Positionierung zu kommen, brauchen Sie nun nur mehr Ihre Zielgruppendefinition und die Antworten der beiden obigen Fragen zu einer kurzen Aussage zusammenzufassen. Wenn wir nochmals zu unserem Beispiel mit den Computerservices zurückkehren, dann könnte die Positionierung dieses Anbieters zum Beispiel lauten: *„Wir wenden uns mit unseren Computerservices an alle Inhaber von Kleinbetrieben im Großraum Linz. Wir stehen bei dieser Gruppe für die Bequemlichkeit, sich nicht um Computerbelange kümmern zu müssen. Das erreichen wir durch die Vollständigkeit unseres Angebots, mit dem wir in allen Fällen Komplettlösungen schaffen."*

Ihre Aufgabe ist nun, für Ihr spezielles Dienstleistungsangebot eine ähnlich prägnante und aussagekräftige Formulierung zu finden. Widerstehen Sie dabei der Versuchung, mit Ihrer Positionierung einen Slogan für die Öffentlichkeit zu schaffen. Ihre Positionierung ist vielmehr eine rein interne Übereinkunft, aus der Sie alles andere ableiten, wie in Abbildung 13 dargestellt.

Ihre Positionierung wird in weiterer Folge das Herzstück Ihrer Marktkommunikation und Ihrer gesamten Vorgangsweise sein. Im Wesentlichen gehören dazu die weitere Entwicklung Ihrer Dienstleistungen, die Preisgestaltung und die Inhalte Ihrer Marktkommunikation. Selbst Punkte wie die Auswahl Ihrer Mitarbeiter und die Gestaltung von Räumlichkeiten werden von Ihrer Positionierung beeinflusst werden.

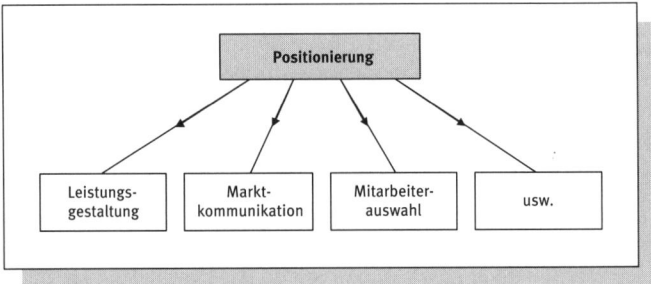

Abbildung 13: Marktpositionierung als Ausgangspunkt unternehmerischen Handelns

Zusammenfassung – das kommt in Ihr Marketingkonzept:

- Ihre Marktpositionierung
- Kurze Begründung
- Ggf. die Positionierungen Ihrer Mitbewerber

6. Schritt: Ihre Mitarbeiter

Dieser Schritt liefert Ihnen eine konkrete Einschätzung, welche Mitarbeiter Sie für die Erbringung Ihrer Dienstleistungen brauchen. Durch die Beschreibung der passenden Mitarbeiter wird Ihre Dienstleistung noch genauer definiert.

Die meisten Dienstleistungen zeichnen sich durch einen hohen Personenbezug aus, denn Dienstleistungen werden nun einmal von Menschen erbracht. Damit ist aber auch klar, dass oftmals auf Kundenseite die Leistung und der Erbringer gleichgesetzt werden. Das heißt, wie hochwertig eine Leistung eingestuft wird, hängt oft nur vom Erscheinungsbild und dem Verhalten der Person ab, welche die Leistung erbringt. Dazu kommt, dass sich ein Großteil der Kommunikation zwischen einem Dienstleistungsunternehmen und dessen Kunden über die Dienstleistungserbringer abspielt. Der Auswahl der richtigen Mitarbeiter kommt also eine entscheidende Bedeutung zu, die im Dienstleistungssektor auf jeden Fall viel größer ist als etwa in Produktion oder Handel: Oft wird der Mitarbeiter selbst vom Kunden als das „Produkt" wahrgenommen.

Damit wird die Mitarbeiterauswahl zu einem Marketingthema. Natürlich ist es (vor allem in großen Unternehmen) nicht üblich, dass eine Marketingabteilung auf die Arbeit der Personalabteilung Einfluss nimmt. Es spricht aber auch dort nichts gegen eine gute Abstimmung zwischen den beiden Bereichen.

Wie die Abbildung 14 zeigt, liegen die Anforderungen an einen Dienstleistungsmitarbeiter in zwei großen Bereichen. Im Folgenden beschäftigen wir uns damit, was unter „Skills" und „Soft Skills" zu verstehen ist und in welcher Form Sie diese Anforderungen in Ihr Marketingkonzept aufnehmen sollten.

Welche Skills brauchen Ihre Mitarbeiter?

Wenn eine Person eine Leistung erbringen soll, dann muss sie dazu natürlich ganz bestimmte Fähigkeiten und Fertigkeiten und das entsprechende Wissen mitbringen, damit sie ihren Auftrag auf der

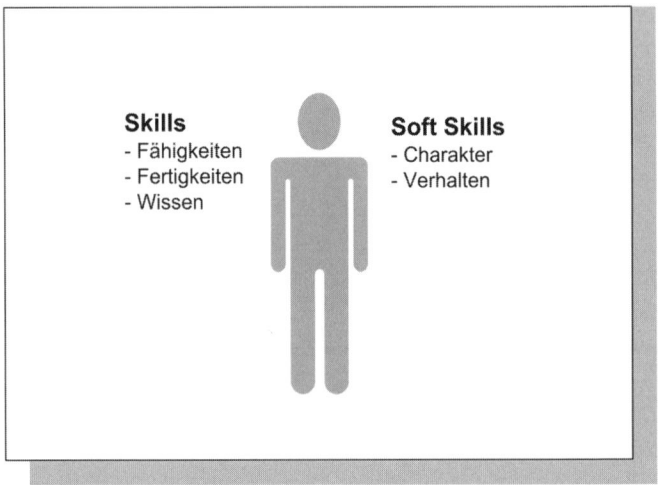

Abbildung 14: Anforderungen an Dienstleistungsmitarbeiter

rein fachlichen Ebene erledigen kann. Die Abbildung 15 fasst diese Elemente in einer Übersicht zusammen.

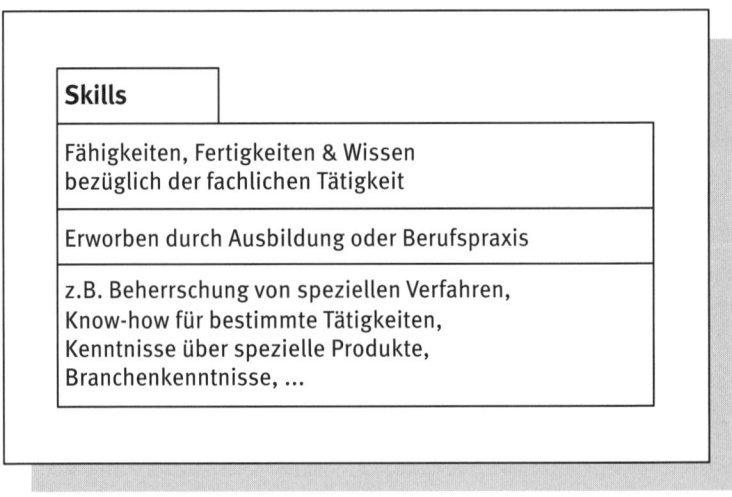

Abbildung 15: Skills

Erworben werden die benötigten Skills entweder durch Ausbildung oder durch entsprechende Berufspraxis, oft durch beides.

Überlegen Sie nun aus der Sicht Ihrer Kunden, welche Skills für die Erbringung Ihrer Dienstleistung notwendig oder gar ideal wären. Stellen Sie eine kurze Übersicht zusammen, was Sie von Ihren zukünftigen Dienstleistungsmitarbeitern erwarten, wie eben zum Beispiel die Beherrschung von speziellen Verfahren oder Kenntnisse Ihrer Branche. Nehmen Sie diese Übersicht in Ihr Marketingkonzept auf.

Welche Soft Skills brauchen Ihre Mitarbeiter?

Genauso wie Ihre Dienstleistungserbringer auf der fachlichen Ebene bestimmte Qualifikationen mitbringen müssen, ist es notwendig, dass sie über die Eigenschaften verfügen, die ihnen den richtigen Umgang mit den Kunden ermöglichen. Diese Eigenschaften sind oft unter der Bezeichnung Soft Skills zusammengefasst, wie hier in Abbildung 16 dargestellt.

Diese Soft Skills sind entweder Grundeigenschaften oder durch Lernprozesse erworbene Verhaltensmuster. (Anmerkung: In der Psychologie ist man sich nicht einig, inwieweit der Charakter eines Menschen auf Lernprozesse zurückgeht bzw. als genetische Grundlage zu betrachten ist. Fest steht nur, beides spielt eine Rolle.)

Die tatsächlich benötigten Soft Skills werden mit der jeweiligen Dienstleistung variieren. Überlegen Sie nun wieder aus der Sicht Ihrer Kunden, welche Soft Skills für einen Erbringer Ihrer Dienstleistung ideal wären. Muss er ein Teamspieler sein, wäre seine Anpassungsfähigkeit besonders gefragt, ist Reaktionsbereitschaft ein Thema oder muss er sich zum Beispiel durch besonderes Durchsetzungsvermögen auszeichnen? Stellen Sie eine kurze Übersicht zusammen, welche Soft Skills Sie von Ihren Dienstleistungsmitarbeitern erwarten.

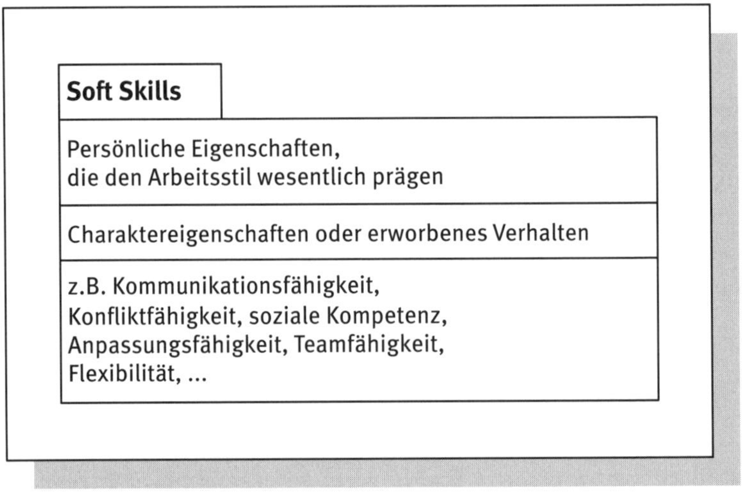

Soft Skills

Persönliche Eigenschaften,
die den Arbeitsstil wesentlich prägen

Charaktereigenschaften oder erworbenes Verhalten

z.B. Kommunikationsfähigkeit,
Konfliktfähigkeit, soziale Kompetenz,
Anpassungsfähigkeit, Teamfähigkeit,
Flexibilität, ...

Abbildung 16: Soft Skills

Zusammenfassung – das kommt in Ihr Marketingkonzept:

• Profil(e) der geeigneten Dienstleistungserbringer (Skills & Soft Skills)
• Ggf. notwendige Ausbildungsmaßnahmen für bestehende Mitarbeiter

7. Schritt: Ihre Konditionen

Dieser Schritt liefert Ihnen die zentrale Strategie für Ihre Preispolitik, mit der Sie den Markt bearbeiten möchten. Darauf aufbauend legen Sie Ihre Preise fest, wobei es die wichtigsten Einflussgrößen sowie einige entscheidende formale Faktoren zu berücksichtigen gilt.

Die Frage, was eine Leistung „wert" ist, ist eines der komplexesten Gebiete des Marketing überhaupt. Um den perfekten Preis zu finden, müsste jeweils ein ganzes Netzwerk von Einflussfaktoren minutiös untersucht und einbezogen werden. Im Konsumgütermarketing ist das zum Beispiel eine gängige Vorgangsweise. Denn bei Absatzmengen in der Größenordnung von zehn- oder hunderttausend Einheiten pro Monat ist es auch sinnvoll, komplexe Simulationsrechnungen anzustellen – bereits geringe Preisvariationen können signifikante Auswirkungen auf die Gewinnsituation des Produkts haben. Zum Glück werden Dienstleistungen in der Regel nicht in riesigen Mengen abgesetzt werden – geringe Variationen des Preises haben daher kaum Auswirkungen auf die Absatzlage. Wir dürfen uns hier also darauf beschränken, die wesentlichen Gesetzmäßigkeiten zu verstehen, auf die jeweilige Dienstleistung umzulegen und zu einem Preis zu kommen, der auf dem Markt bestehen kann.

Welche Preispolitik wählen Sie?

Am Beginn Ihrer Überlegungen zur Preisfestlegung steht eine grundsätzliche strategische Entscheidung – die Wahl Ihrer Preispolitik. Damit ist hier gemeint, welches Preis-Leistungs-Verhältnis Sie für Ihre Dienstleistung zur Anwendung bringen werden. Die vier wesentlichen Optionen sind modellhaft in der Matrix von Abbildung 17 dargestellt.

Wenn Sie sich entscheiden, für Leistungen mit einem hohen Niveau einen angemessen hohen Preis zu verlangen, dann wählen Sie die Option **Premium**. Sie positionieren sich damit als Anbieter hochwertiger Leistungen, die ihren Preis haben. In den meisten Fällen wird das bedeuten, dass Sie zugunsten der hohen Qualität und des hohen

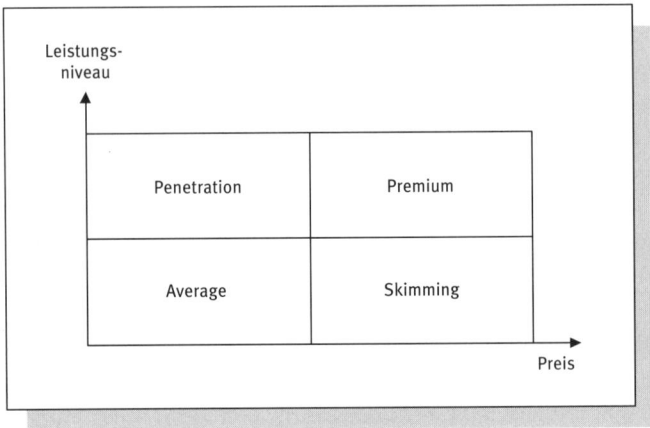

Abbildung 17: Strategien in der Preispolitik

Preises relativ geringe Absatzmengen in Kauf nehmen. Die Premium-Option ließe sich unter das Motto „Edel, aber nur für wenige" stellen. Beispiele bieten etwa ein Nobelanwalt, ein Hotel mit fünf Sternen oder ein Privatarzt.

Für den Fall, dass Sie Leistungen mit einem durchschnittlichen Niveau zu einem günstigen Preis anbieten, entscheiden Sie sich für die breite Masse der Nachfrager. Die Option **Average** bedeutet, dass Sie nicht so viel in die Qualität der Leistungen (und in Ihr Personal) investieren müssen, günstiger anbieten können und mehr potenzielle Kunden Ihr Angebot in Anspruch nehmen werden. Ihre Gewinne werden Sie in diesem Fall über die Menge als Multiplikationsfaktor machen. Ein allseits bekanntes Beispiel bieten günstige Pauschalreisen.

Die Option **Skimming** steht Ihnen dann offen, wenn Sie mit einer Leistung mit hohem Niveau als einer der ersten Anbieter auftreten. In diesem Fall können Sie es sich leisten, eine auch noch nicht ganz so ausgereifte Leistung mit vielleicht nur mittelmäßiger Qualität zu einem hohen Preis anzubieten. Diese Option ist also vor allem für innovative Leistungen geeignet und mit Sicherheit zeitlich begrenzt. Denn früher oder später werden Mitbewerber auftauchen, die dieselbe Leistung zum Preis-Leistungs-Verhältnis Average oder

Premium anbieten. Sobald das der Fall ist, greift niemand mehr auf Skimming-Anbieter zurück. Anwendungen von Skimming sind zum Beispiel immer wieder in neuen Bereichen der Informationstechnologie und anderen jungen Wissensgebieten zu finden.

Die Preis-Leistungs-Option **Penetration** werden Sie dann wählen, wenn Sie mit Ihrer Leistung in einen Markt eindringen möchten, der bereits gut besetzt ist von Average- und Premium-Anbietern. Diese Vorgangsweise macht allerdings nur dann Sinn, wenn Sie entweder den bestehenden Mitbewerb gezielt verdrängen möchten oder aus anderen strategischen Gründen unbedingt in diesem Marktsegment Fuß fassen möchten. Die Idee der Penetration-Strategie besteht darin, dass Sie damit in jedem Fall ein besseres Preis-Leistungs-Verhältnis bieten als alle anderen Anbieter. Wenn Sie das finanziell lange genug durchhalten, „erkaufen" Sie sich auf diese Art beliebig hohe Marktanteile. Ein wunderbares Beispiel dafür boten die sich gegenseitig verdrängenden Mobiltelefonie-Anbieter zu Beginn des Millenniums.

Diese vier Optionen bilden die wesentlichen Möglichkeiten für Ihre Preispolitik ab. Treffen Sie also Ihre erste grundlegende Preisentscheidung und legen Sie fest, ob Sie den Markt als Premium-, Average-, Skimming- oder Penetration-Anbieter bearbeiten möchten.

Welchen Preis wählen Sie?

Sobald Sie die strategische Entscheidung über die Ausrichtung Ihres Preis-Leistungs-Verhältnisses getroffen haben, können Sie darangehen, einen konkreten Preis für Ihre Leistung festzulegen. Dazu ist es notwendig, dass Sie sich einen genauen Überblick über die Preis-Leistungs-Verhältnisse Ihrer Mitbewerber verschaffen. In der Abbildung 18 ist beispielhaft eine Situation dargestellt, in der bereits vier Mitbewerber das betreffende Segment bearbeiten.

Wenn Sie eine analoge Darstellung für Ihr Dienstleistungsangebot aufstellen, werden Sie feststellen, dass es zwar relativ leicht ist, die Preise Ihrer Mitbewerber zu erheben, das Leistungsniveau aber nur schwer vergleichbar ist. Da unterschiedliche Leistungen aber

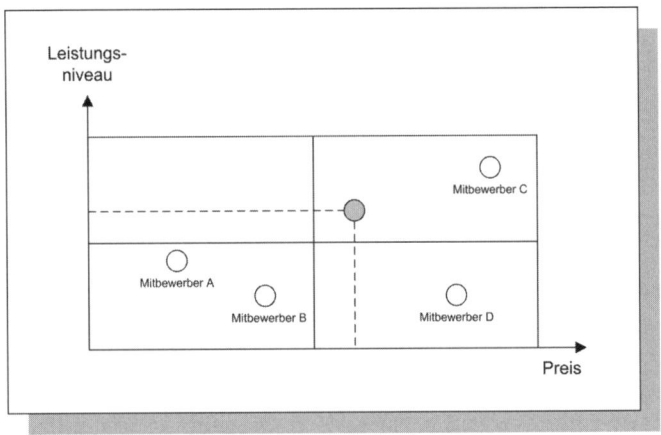

Abbildung 18: Preisfestlegung

niemals auf einer absoluten Ebene miteinander verglichen werden können, dürfen Sie sich mit Schätzungen behelfen – vorausgesetzt, Sie kennen die Leistungen Ihrer Mitbewerber gut genug.

Nehmen wir nun an, Ihre Erhebungen führen zu dem in der Abbildung 18 dargestellten Bild. Zwei Mitbewerber (A und B) bieten „Average" an, wobei der Anbieter A durch seine Nähe zum „Penetration"-Feld in Verdacht steht, hohe Marktanteile an sich reißen zu wollen. Darüber hinaus gibt es noch einen Skimming-Anbieter (D), der wohl nicht mehr lange überleben wird, sowie einen eingesessenen Premium-Anbieter (C). Nehmen wir nun weiter an, das Leistungsniveau Ihres Angebots liegt im oberen Mittelfeld und Sie hätten sich entschieden, als Premium-Anbieter aufzutreten. Wenn Ihre Einschätzung nun so ausfällt, dass Ihr Marktsegment einen weiteren Premium-Anbieter verträgt, dann könnten Sie sich in etwa dort ansiedeln wie in der Abbildung durch den grauen Punkt gekennzeichnet.

Die hier dargestellte Situation ist aber nur ein Beispiel und selbstverständlich wird die Situation für Ihre Dienstleistung anders aussehen. Sie werden anders positionierte Mitbewerber vorfinden und es werden mehrere oder weniger als hier angenommen sein. Entscheidend ist nur, dass Sie sich dieses Modell zunutze machen und mit seiner Hilfe einen Preis festlegen, mit dem Sie echte Chancen in Ihrem Marktsegment haben. Sobald Sie sich also, wie hier ausgeführt, einen Überblick verschafft haben, sind Sie in der Lage, den Preis für Ihre Dienstleistung festzulegen. In weiterer Folge werden wir der Frage nachgehen, ob dieser erste Richtwert weiteren wichtigen Kriterien genügt.

Wird Ihr Preis standhalten?

Mit Ihrer grundsätzlichen Entscheidung zur Preispolitik und der Einordnung bezüglich Ihres Mitbewerbs haben Sie nun einen ersten Richtwert für Ihren Preis vorliegen, der wahrscheinlich seine Funktion gut erfüllen wird. Wie eingangs erwähnt, ist Preisfestlegung aber ein komplexes Thema, in dem viele Einflussfaktoren berücksichtigt werden wollen. Im Folgenden betrachten wir die wichtigsten dieser Faktoren, die in Abbildung 19 dargestellt sind.

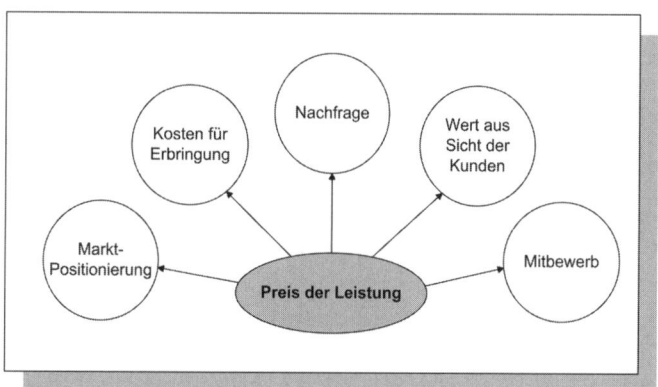

Abbildung 19: Überprüfung von Preisen

Sie haben nun Gelegenheit zu überprüfen, ob der von Ihnen gewählte Richtwert allen wesentlichen Kriterien genügt:

- **Mitbewerb:** Die Einordnung gegenüber dem Mitbewerb haben wir bereits im Rahmen der Wahl des Preises besprochen. Es schadet auf aber keinen Fall, nochmals zu überprüfen, ob Ihr Preis gegenüber jenen des Mitbewerbs standhalten kann.
- **Marktpositionierung:** Ihr Preis muss mit der von Ihnen im 5. Schritt festgelegten Positionierung konform gehen, im besten Fall unterstreicht er sie sogar. Wenn Ihre Marktpositionierung zum Beispiel ein Qualitätsimage beinhaltet, dann muss Ihr Preis zwingend hoch sein. Sich günstig anzubieten wäre in diesem Fall die falsche Botschaft, da billig niemals mit Qualität assoziiert wird. Ihre Konditionen haben also identitätsbildende Wirkung – und diese muss mit jener durch die Positionierung Ihres Angebots übereinstimmen.
- **Kostenstruktur:** Sie müssen sich Ihren Preis selbst leisten können. Das ist so zu verstehen, dass Ihre Konditionen so gestaltet sein müssen, dass Sie rentabel arbeiten können. Wenn Sie selbst mehr für die Erbringung der Leistung aufwenden müssen, als Sie verrechnen können, ist der Bestand Ihres Angebots von vorneherein in Gefahr. So selbstverständlich dieser Hinweis klingt, wird dennoch oft gegen die einfachsten Grundsätze wirtschaftlichen Arbeitens verstoßen. Vor allem Newcomer neigen dazu, die eigene Kostenstruktur zu unterschätzen. Ein kurzer Ausflug in die Grundlagen der Kostenrechnung sei daher an dieser Stelle dringend angeraten. Ermitteln Sie, wie viel von Ihrer Leistung Sie zu dem gewählten Preis absetzen müssen, um zumindest kostendeckend zu arbeiten.

  Eine Ausnahme von dieser Regel besteht dann, wenn Ihre Strategie in „Penetration" besteht. In diesem Fall werden Sie wahrscheinlich bewusst für eine Zeit lang Verluste in Kauf nehmen, um Marktanteile zu gewinnen – in der Hoffnung, durch die so erkämpften Anteile später umso höhere Gewinne zu erwirtschaften.
- **Nachfrage:** Ebenfalls großen Einfluss auf die Rentabilität Ihres Angebots hat die so genannte Preis-Nachfrage-Beziehung. Grundsätzlich können Sie davon ausgehen, dass diese Beziehung „elastisch" ist, was einfach bedeutet, dass Sie bei einem

günstigeren Preis mehr von Ihrer Leistung verkaufen werden. Genauso gilt: Je teurer Ihr Angebot ist, umso weniger Klientel werden Sie finden. Interessant wäre nun zu wissen, wie dieser Zusammenhang genau aussieht. Leider ist das vorab nie genau zu sagen, Sie können maximal auf Erfahrungswerte mit ähnlichen Leistungen (auch anderer Anbieter) zurückgreifen. Zumindest sollten Sie abschätzen, wie viel von Ihrer Leistung Sie zu dem gewählten Preis in der nächsten Periode (z.b. innerhalb eines Jahres) absetzen können. Wenn dieser Wert unter der sich aus den Kosten ergebenden notwendigen Mindestabsatzmenge liegt, sollten Sie Ihre Preisfestlegung nochmals überdenken.

- **Wert aus Sicht der Kunden:** Überprüfen Sie den gewählten Preis darauf, ob er aus Sicht der Kunden ein angemessenes Entgelt für Ihre Leistung darstellt. Diese Frage ist eng mit der Frage nach dem wichtigsten Kaufmotiv (siehe 1. und 5. Schritt) verknüpft. Wenn Ihre Leistung in erster Linie das Selbstwertmotiv anspricht, können Ihre Preise wahrscheinlich astronomische Höhen annehmen. Denn je teurer eine solche Leistung ist, umso größer der Prestigegewinn (Beispiele: exklusive Reisen, Veranstaltungen). Wenn Ihre Leistung in erster Linie das Sicherheitsmotiv anspricht, dann dient sie wahrscheinlich der Risikoabwendung. In diesem Fall haben Sie einen kalkulatorischen Ansatz, welche Kosten durch Ihre Leistung (z.b. durch die Vermeidung oder Abdeckung eines Schadensfalls) vermieden werden. Beispiele bieten alle Versicherungsleistungen. Einen analogen Ansatz können Sie wählen, wenn Ihre Leistung in erster Linie das Gewinnmotiv anspricht. Ein gutes Beispiel dafür ist die Steuerminderung, die sich durch die Konsultation eines Steuerberaters ergibt. Welches auch immer das zentrale Kaufmotiv für Ihre Leistung ist, vergessen Sie nie, dass es sich dabei um die Motive Ihrer Kunden handelt. Hüten Sie sich daher vor Gedankenlesen und beziehen Sie in Ihre Überlegungen unbedingt die Meinung (potenzieller) Kunden ein.

Wie stellen Sie Ihren Preis dar?

Die letzte Frage, der Sie sich im Zusammenhang mit Ihrer Preisgestaltung stellen müssen, bezieht sich auf formale Faktoren. Diese bilden sozusagen das Gewand Ihres Preises und bestimmen die Art und Weise, in der er sich Ihren Kunden präsentiert. Denn ein und derselbe Preis kann sehr unterschiedliche Formen annehmen – entscheidend ist, die richtige Form zu wählen. Welche das ist, hängt in erster Linie von der Kundenwahrnehmung ab. Bestimmte Leistungen werden leichter akzeptiert, wenn für sie eine Provision verlangt wird statt eines Honorars. Andere Leistungen verlangen runde Preise und müssen pauschal sein, während wieder andere am besten über Stundensätze verrechnet werden. Die Abbildung 20 zeigt die wesentlichen Optionen, die bei der Gestaltung eines Preises bestehen.

Verrechnungs-modell	Art der Verrechnung: Pauschalpreise, Paketpreise, Verrechnung nach Aufwand über Stunden- oder Tagsatz, ...
Preis-benennung	Bezeichnung des Preises: Honorar, Entgelt, Tarif, Provision, Gebühr, Kostenbeteiligung, Abgeltung, Vergütung ...
Form des Preises	1.000,- runder Preis kommuniziert „Qualität" 987,17 unrunder Preis kommuniziert „genaue Kalkulation" 999,90 kommuniziert „Gelegenheit"
Preis-nachlässe	Veränderung des Basispreises, um besonderen Umständen Rechnung zu tragen: Schüler/Studentenpreise, Tag/Nachtpreise, Skonto, Mengenrabatt, Saisonpreise, ...

Abbildung 20: Formale Faktoren von Preisen

- **Verrechnungsmodell:** Darunter ist die Art der Verrechnung zu verstehen. Ideal ist es, wenn Sie einen Modus wählen, der für Ihre Kunden nicht nur gut nachvollziehbar ist, sondern auch den Erwartungen entspricht oder sie in positiver Weise übertrifft.

- **Preisbenennung:** Dienstleistungen haben so gut wie nie einen „Preis". Um Dienstleistungserbringer nicht zu einer Sache zu entwerten, werden Bezeichnungen wie Honorar, Abgeltung und Provision verwendet. Wählen Sie eine Benennung, die für die Abnehmer Ihrer Dienstleistung akzeptabel ist.
- **Form des Preises:** Mit der Form Ihrer Preise können Sie verschiedene Eigenschaften Ihrer Leistung kommunizieren. Runde Preise vermitteln Qualität, unrunde deuten auf genaue Kalkulation hin und 999er-Preise weisen Gelegenheitskäufe aus.
- **Preisnachlässe:** Mit Hilfe von Preisnachlässen können Sie Ihre Unterstützung bestimmter Gruppen zeigen (z.b. Schüler, Studenten, Pensionisten etc.), größere Abnahmemengen begünstigen (z.b. durch Mengenrabatte) oder saisonale Schwankungen ausgleichen (z.b. Sommer/Winter).

Zusammenfassung – das kommt in Ihr Marketingkonzept:

- Gewählte Strategie im Preis-Leistungs-Verhältnis (Premium, Average, Skimming, Penetration)
- Begründung der Auswahl
- Preisfestlegung
- Formale Festlegungen (Verrechnungsmodell, Preisbenennung, Form des Preises, Nachlässe)

8. Schritt: Ihre Marktkommunikation

Dieser Schritt liefert Ihnen die entscheidenden Hinweise, welche Mittel und Wege für die Marktkommunikation Ihrer Dienstleistung am besten geeignet sind. Darüber hinaus erfahren Sie, welche Inhalte Sie vermitteln müssen, um Vertrauen in Ihr Angebot entstehen zu lassen.

Im Dienstleistungsmarkt ist fast alles Kommunikation. Die Leistung selbst, der Preis, die Ausstattung der Geschäftsräume usw. Das bedeutet, alles was Sie unternehmen, um Ihre Dienstleistung zu konzipieren, zu gestalten und zu erbringen, baut gleichzeitig eine Botschaft zu Ihren Kunden auf. In diesem Schritt beschäftigen wir uns damit, diese Botschaften bewusst zu gestalten. Dazu stellt sich als erstes die Frage, ob es einen allgemein gültigen Grundsatz für die erfolgreiche Bewerbung von Dienstleistung gibt. Die Antwort lautet

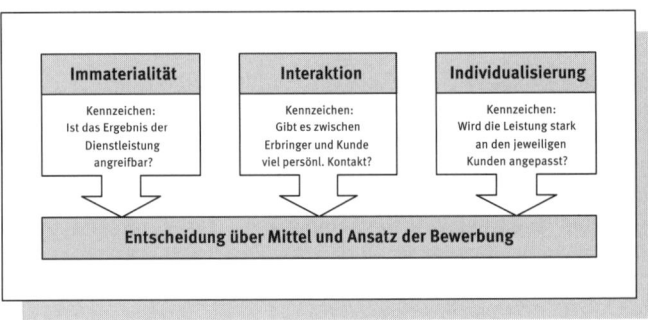

Abbildung 21: Einflussfaktoren auf die Bewerbung einer Dienstleistung

natürlich nein, denn keine Dienstleistung gleicht der anderen. Es macht nun einmal einen Unterschied, ob eine IT-Beratung oder eine Nagelpflege, eine Autobusreise oder ein KFZ-Service vermarktet werden soll. Für jede Dienstleistung gilt es also, in der Kommunikation mit Kunden und Interessenten den richtigen Ansatz zu finden. Dazu ist es sehr günstig, wenn Sie drei Kennzeichen Ihrer Dienstleistung einer genaueren Betrachtung unterziehen. Diese drei in der Abbildung 21 dargestellten Kennzeichen liefern Ihnen die entscheidenden Hinweise, welche Mittel und Wege für die erfolgreiche

Bewerbung Ihrer Leistung das beste Kosten-Nutzen-Verhältnis bringen werden.

- Der **Immaterialitätsgrad** steht dafür, ob das Ergebnis Ihrer
  Dienstleistung gegenständlich ist und von einem Kunden tat-
  sächlich angegriffen werden kann.
- Der **Interaktionsgrad** gibt an, ob es im Rahmen Ihrer Dienstleis-
  tung viele persönliche Kontakte und Auseinandersetzung mit
  Ihren Kunden gibt.
- Der **Individualisierungsgrad** kennzeichnet, ob Sie Ihre Leistung
  stark an den jeweiligen Kunden anpassen.

In weiterer Folge werden wir die aus diesen Kennzeichen entstehen-
den Konsequenzen für Ihre Marktkommunikation genauer untersuchen.

Welche Ansätze sind für Ihre Leistung die richtigen?

Der erste Indikator für die richtigen Ansätze Ihrer Marktkommunikation ist der **Immaterialitätsgrad**. Er wird davon bestimmt, ob Ihre
Leistung in ein angreifbares Ergebnis mündet oder nicht. Dazu zwei
Beispiele: Die Beratungsleistung eines Rechtsexperten erfolgt in
erster Linie in Form von Gesprächen. In diesem Fall ist die
Immaterialität (Nicht-Gegenständlichkeit) sehr hoch. Ganz anders
liegt der Fall bei einem Fliesenleger. Die Tätigkeit selbst bleibt mehr
im Hintergrund, im Vordergrund steht das Ergebnis, nämlich die
verfliesten Wände. In diesem Fall ist die Immaterialität niedrig. Die
Konsequenzen aus diesen beiden unterschiedlichen Dienstleis-
tungstypen sind in der Abbildung 22 dargestellt.
Liefert die Dienstleistung ein gegenständliches Ergebnis, wie im
Beispiel des Fliesenlegers, dann können genau solche Ergebnisse in
der Kommunikation mit Interessenten genützt werden – in unserem
Beispiel etwa durch Muster oder anderes Demonstrationsmaterial.
Ein Schneider kann fertige Stücke ausstellen, eine Autolackiererei
Muster von Oberflächen vorbereiten und ein Tapezierer Beispiele
der verwendeten Materialien anbieten. Der Punkt ist, dass der
Anbieter seine Kommunikation rund um das Ergebnis aufbauen

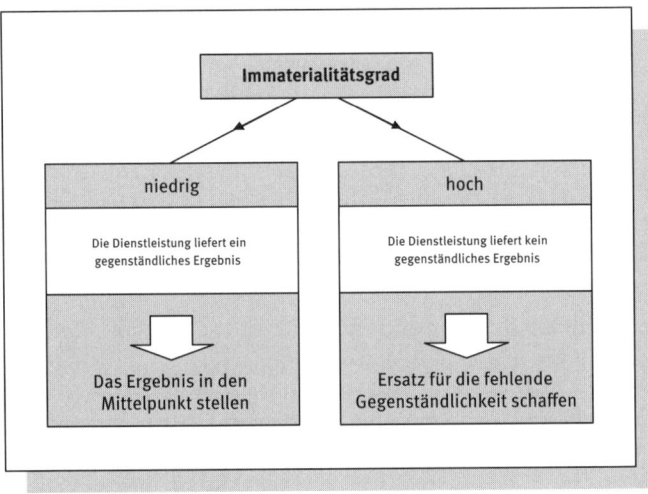

Abbildung 22: Immaterialitätsgrad und Bewerbung

kann und auch sollte. Wenn Ihre Dienstleistung also in angreifbaren, gegenständlichen Ergebnissen mündet, dann stellen Sie sich darauf ein, genau diese Ergebnisse zum Mittelpunkt Ihrer Kommunikation zu machen.

Ganz anders liegt der Fall, wenn Ihre Dienstleistung kein angreifbares Ergebnis erzeugt, wie in dem Beispiel der Rechtsberatung. In solchen Fällen müssen Sie in Ihrer Kommunikation, und zwar sowohl vor als auch während und nach der Leistungserbringung, Ersatz für die fehlende Gegenständlichkeit schaffen. Der Rechtsberater könnte das zum Beispiel erreichen, indem er seinem Kunden zu Beginn eine Broschüre über seine Kanzlei mitgibt und in weiterer Folge seinem Kunden Gesprächsprotokolle der Sitzungen zukommen lässt. Für Sie als Anbieter bedeutet das: Wenn Ihre Dienstleistung nicht in ein angreifbares Ergebnis mündet, dann schaffen Sie „Ersatzprodukte", die von Kunden und Interessenten angegriffen werden können. Sie verleihen Ihrer Leistung damit mehr Gegenständlichkeit und dauerhaften Wert.

Der zweite Indikator für die Ansätze Ihrer Marktkommunikation ist der **Interaktionsgrad** Ihrer Dienstleistung. Er wird von dem Maß an persönlicher Interaktion bestimmt, die zwischen Ihren Kunden und Ihnen bzw. Ihren Leistungserbringern stattfindet. Dazu zwei Beispiele aus der Informationstechnologie: Die Dienstleistungen eines Internet-Providers haben einen niedrigen Interaktionsgrad. Man meldet sich einmal an und nimmt dann einen weitgehend automatisierten Service in Anspruch. Die Leistungen eines EDV-Schulungsbetriebs haben im Vergleich dazu einen hohen Interaktionsgrad. Es finden ständig Kontakte zwischen Kunde und Trainer statt. Diese beiden Beispiele finden Sie in der allgemeinen Darstellung der Abbildung 23 wieder.

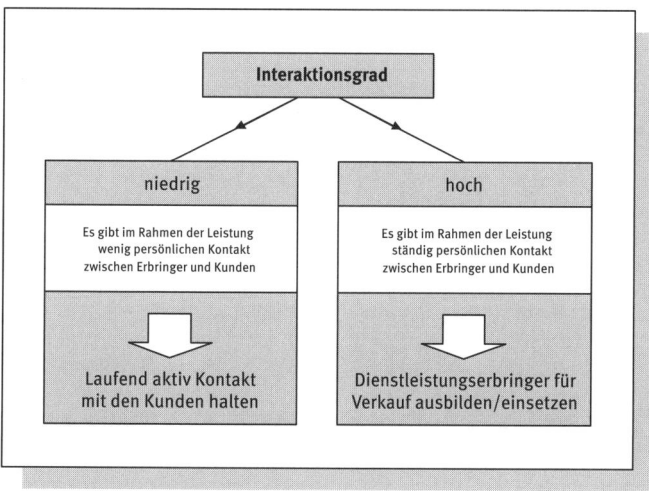

Abbildung 23: Interaktionsgrad und Bewerbung

Die Konsequenz daraus ist nun, dass Sie im Fall eines hohen Interaktionsgrades die Leistung selbst sehr gut als Kommunikationsweg einsetzen können. Es könnte etwa der Trainer aus dem Beispiel des EDV-Schulungsbetriebs den intensiven Kontakt zum Kunden dafür nützen, bei günstiger Gelegenheit auf weitere Kurse oder andere Dienstleistungen hinzuweisen. Diese Möglichkeit steht dem Internet-Provider aus dem zweiten Beispiel nicht offen. Dadurch, dass es nur sehr wenig persönlichen Kontakt gibt, muss er Kontakte gezielt herstellen – zum Beispiel durch Informationszusendungen per E-Mail, gelegentliche Rückfragen nach der Zufriedenheit seiner Kunden oder mit Hilfe anderer Mittel. Die Regeln, die sich daraus ableiten, sind einfach: Hat Ihre Leistung einen hohen Interaktionsgrad, so empfiehlt es sich, die Leistungserbringer selbst für den Verkauf auszubilden und einzusetzen. Sie haben während der Erbringung ausreichend Gelegenheit, über das Unternehmen und weitere Leistungen zu informieren. Hat Ihre Leistung dagegen einen niedrigen Interaktionsgrad, müssen Sie darauf achten, nicht den Kontakt zu Ihren Kunden zu verlieren. Viel mehr sollten Sie gezielt und aktiv den Dialog mit Ihren Kunden suchen.

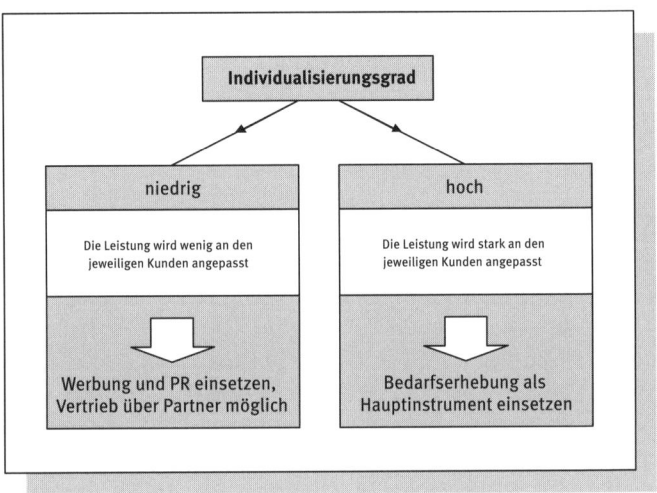

Abbildung 24: Individualisierungsgrad und Bewertung

Der dritte Indikator, der die Ausrichtung Ihrer Kommunikation wesentlich beeinflusst, ist der **Individualisierungsgrad** Ihrer Dienstleistung. Er gibt an, wie wenig oder wie stark Ihre Leistung an den jeweiligen Kunden angepasst wird. Der Individualisierungsgrad weist also aus, wie weit der Umfang Ihrer Leistung und die Leistungsprozesse standardisiert sind oder jeweils an den einzelnen Kunden angepasst werden. Pauschalreisen haben zum Beispiel einen niedrigen Individualisierungsgrad, während die meisten Beratungsleistungen einen hohen Individualisierungsgrad aufweisen. Die Abbildung 24 unterscheidet zwischen diesen beiden Fällen.

In der Praxis bedeutet das: Wenn Ihre Leistung stark an den jeweiligen Kunden angepasst wird, dann wird die Bedarfserhebung das wichtigste Ihrer Kommunikationsmittel sein. Denn der Auftraggeber muss Gelegenheit haben, sich im Rahmen der Vorgespräche davon zu überzeugen, dass Sie Ihre Leistung ausreichend an seine Situation und seine Bedürfnisse anpassen werden. Ist dagegen Ihre Leistung stark standardisiert, dann können Sie Umfang, Ablauf und Prozesse in einer allgemeinen Form beschreiben. Damit erhält der Einsatz von nicht-persönlichen Kommunikationsmitteln wie Werbung und PR mehr Bedeutung.

Die drei hier besprochenen Kennzeichen (Immaterialität, Interaktion und Individualisierung) liefern Ihnen also entscheidende Hinweise, welche Mittel und Wege für Ihre Marktkommunikation am besten geeignet sind. Noch offen ist allerdings die Frage nach den passenden Inhalten Ihrer Kommunikation. Damit werden wir uns im Folgenden beschäftigen.

Welche Inhalte kommunizieren Sie?

Welche Mittel und Wege Sie auch immer in Ihrer Kommunikation nützen werden – ob Sie eine Broschüre erstellen oder verfassen lassen, eine Website aufbauen oder Präsentationsunterlagen für Verkaufsgespräche zusammenstellen –, eines bleibt immer gleich: Auf jeden Fall müssen Sie sich Gedanken darüber machen, was Sie kommunizieren, und die wesentlichen Eckpunkte Ihrer Kommunikationsinhalte festlegen. Diese leiten sich automatisch aus dem Informationsbedarf Ihrer Zielgruppe ab. Denn Sie sollten mit Ihrer Kommunikation genau die Informationen über Ihr Unternehmen und Ihre Leistungen liefern, die geeignet sind, Mitglieder Ihrer Zielgruppe zur Inanspruchnahme zu bewegen. Im Wesentlichen bestehen diese Informationen aus sechs Punkten, von denen sich drei aus Ihrer Marktpositionierung (siehe 5. Schritt) und drei aus den Eigenschaften Ihrer Dienstleistung ableiten. Diese Zusammenhänge sind in der Abbildung 25 dargestellt.

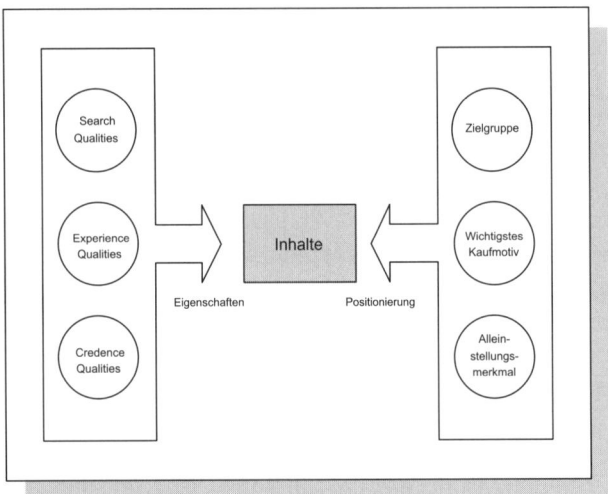

Abbildung 25: Inhalte in der Marktkommunikation

Die sechs Punkte der Abbildung 25 unterziehen wir nun einer genaueren Betrachtung. Dabei haben Sie Gelegenheit, die jeweils richtigen Inhalte für Ihre spezielle Leistung abzuleiten:

- **Zielgruppe:** Ein wichtiger Inhalt jedes Kommunikationsmittels ist die Ansprache der Zielgruppe. Schließlich sollen sich Ihre potenziellen Abnehmer in Ihren Unterlagen und Präsentationen wiederfinden. Woher sollten sie sonst wissen, dass sie gemeint sind? In welcher Form (direkt oder indirekt) die Zielgruppenansprache in Ihren einzelnen Kommunikationsmitteln erfolgt, ist Sache der Werbekonzeption. Für unsere Zwecke (zur Erstellung Ihres Marketingkonzepts) ist nur entscheidend, dass Sie Ihre Zielgruppendefinition an dieser Stelle als Kommunikationsinhalt festlegen.

- **Wichtigstes Kaufmotiv:** Ein weiterer Inhalt, der vor der detaillierten Werbekonzeption zur Verfügung stehen muss, ist das zentrale Kaufmotiv für Abnehmer Ihrer Leistung. Mit anderen Worten, wird Ihre Leistung aus Sicherheitsgründen, zur Gewinnsteigerung, aus Bequemlichkeit oder auf Basis eines anderen Motivs gekauft? Wie das zentrale Motiv gefunden werden kann, haben wir bereits in den Schritten 1 und 5 (Ihre Leistung, Ihre Positionierung) diskutiert. An dieser Stelle sei nur wiederholt, dass es sich um ein ausgewähltes Motiv handelt, auf das Sie Ihre Kommunikation konsequent aufbauen. Die Auswirkungen auf Ihre Kommunikation sind vielfältig – das zentrale Kaufmotiv für Ihre Leistung bestimmt nicht nur die textlichen Inhalte, sondern auch die Form Ihrer Kommunikationsmittel. Zum Beispiel wird eine Broschüre völlig unterschiedlich gestaltet werden müssen, je nachdem ob Sie das Sicherheitsmotiv oder das Selbstwertmotiv von Abnehmern anspricht.

- **Alleinstellungsmerkmal (USP):** Der dritte Punkt, der sich aus Ihrer Marktpositionierung ableitet, ist Ihr wesentliches Alleinstellungsmerkmal. Dabei handelt es sich um die Antwort auf die Frage, warum ein Abnehmer die beworbene Dienstleistung ausgerechnet bei Ihnen kaufen soll. Wie Sie zur Antwort auf diese Frage kommen, haben wir ebenfalls bereits im 5. Schritt (Ihre Positionierung) diskutiert. Als Inhalt Ihrer Kommunikation ist er deshalb wichtig, da Sie sich damit vom Mitbewerb abgrenzen. Einem potenziellen Abnehmer wird damit vor Augen geführt, dass er am besten beraten wird, wenn er die Leistung bei Ihnen und nirgendwo sonst in Anspruch nimmt.

- **Search Qualities:** Unter Search Qualities werden alle Eigenschaften Ihrer Dienstleistung verstanden, die Ihre Zielgruppe bereits vor der Inanspruchnahme verstehen, beurteilen und vergleichen kann. Um ein Beispiel zu nennen: Bei einer Schulung gehören etwa die Dauer, die angekündigten Inhalte, der Veranstaltungsort, die Referenten und der Preis zu den Search Qualities. Verwenden Sie diese „hard facts" zur Ankündigung Ihrer Dienstleistung – in Broschüren, im Internet oder bei Präsentationen. Sie geben potenziellen Kunden damit die gewünschten Suchkriterien.

- **Experience Qualities:** Unter Experience Qualities werden alle Eigenschaften Ihrer Dienstleistung verstanden, die Ihre Zielgruppe erst nach der Inanspruchnahme beurteilen kann. Das können zum Beispiel die Verständlichkeit eines Kurses, die Zuverlässigkeit von Servicearbeiten oder die Termintreue bei

Installationsarbeiten sein. Für die Vermittlung von Experience Qualities in Ihrer Marktkommunikation nützen Sie am besten die hohe Glaubwürdigkeit Dritter, die Ihre Leistung bereits in Anspruch genommen haben. Zum Beispiel könnten Sie einen Kunden zitieren, der auf die hohe Termintreue Ihrer Leistungen hinweist.

- **Credence Qualities:** Unter diesen Begriff fallen alle Eigenschaften Ihrer Dienstleistung, die Ihre Zielgruppe auch nach der Inanspruchnahme nicht beurteilen kann, weil ihr dazu schlichtweg die Qualifikation fehlt. Credence Qualities spielen vor allem bei spezialisierten Dienstleistungen eine Rolle, die sich dem Verständnis Ihres Kunden entziehen, wie zum Beispiel die Richtigkeit einer ärztlichen Diagnose. Sie werden zu Glaubensfragen (Credence). Als Ersatz zieht Ihr Kunde zur Bewertung andere Parameter heran, die er verstehen kann. In Ihrer Marktkommunikation sollten Sie gezielt Ersatzkriterien schaffen, mit denen Ihre Kunden ihr Defizit ausgleichen können – im Beispiel des Kurses vielleicht durch Bezugnahme auf seriöse Quellen und die Erwähnung von Referenzkunden. Sie geben Ihren Kunden damit Vertrauen in die Qualität Ihrer Leistung.

Diese sechs Punkte stellen die wesentlichen Eckpfeiler der Inhalte für Ihre Marktkommunikation zu Ihrer Dienstleistung dar. Sie werden feststellen, dass es sehr viel leichter ist, konkrete Kommunikationsmittel auszuarbeiten, wenn die Informationen zu diesen sechs Punkten vorliegen. Daher empfiehlt es sich auch in der Zusammenarbeit mit Werbepartnern, diese sechs Punkte als Grundlage für ein Briefing zu verwenden.

Zusammenfassung – das kommt in Ihr Marketingkonzept:

- Aufzählung der geplanten Kommunikationswege – „wo?" (z.B. Hausmesse, persönliche Termine, Telefon, während der Leistungserbringung, Medien etc.)
- Aufzählung der geplanten Kommunikationsmittel – „womit?" (z.B. Werbeeinschaltungen, Broschüren, Muster, Konzepte, Website etc.)
- Beschreibung der vorgesehenen Inhalte – „was?" (Zielgruppe, Kaufmotiv, USP; Search, Experience und Credence Qualities)

9. Schritt: Ihre interne Kommunikation

Dieser Schritt liefert Ihnen die nötigen Ansätze, wie Sie Ihre externe Kommunikation durch die gezielte Gestaltung der internen Kommunikation stärken können. Sie erhalten eine klare Vorstellung, wie Sie mithilfe Ihrer Dienstleistungserbringer kongruente Informationen zu Kunden und Interessenten bringen.

Als Dienstleistungsanbieter werden Sie und Ihre Leistungen auf zwei Kanälen wahrgenommen. Erstens über alles, was Ihr Marketing in Richtung Ihrer Zielgruppe kommuniziert. Der zweite Kanal wird durch den Kontakt Ihrer Mitarbeiter (im engeren Sinn Ihrer Dienstleistungserbringer) mit den Kunden gebildet. Die Abbildung 26 zeigt, welche drei Kommunikationswege uns grundsätzlich offen stehen.

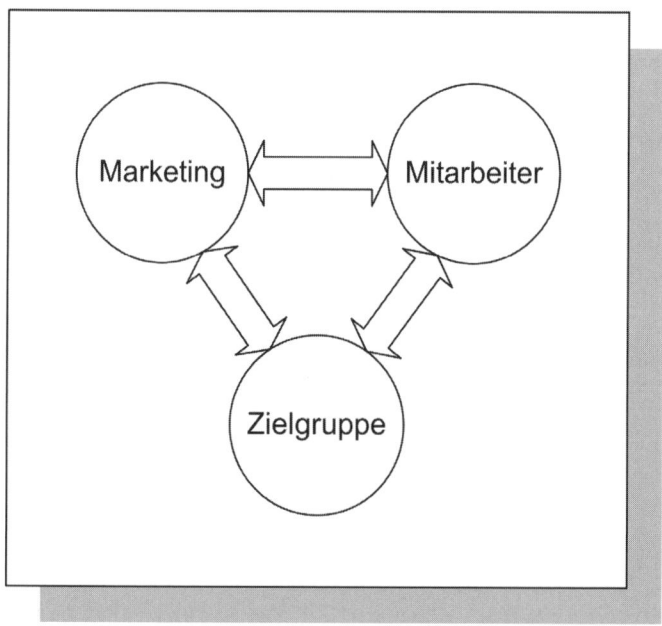

Abbildung 26: Kommunikationsdreieck intern–extern

Die in der Abbildung 26 dargestellten drei Wege der Kommunikation sind:

- Der Dialog zwischen Marketing und Kunde
  (z.B. Telemarketing)
- Der Dialog zwischen Mitarbeiter und Kunde
  (z.B. Beratungsleistung)
- Der Dialog zwischen Marketing und Mitarbeiter
  (z.B. internes Meeting)

In der Regel wird das Hauptaugenmerk auf die Kommunikation des Marketing zum Kunden gelegt. Schließlich hat man dafür eine Marketingabteilung. Das mag für gegenständliche Produkte (die keinen so hohen Personenbezug aufweisen) stimmen, für Dienstleistungen ist es nicht ausreichend. Trotzdem sieht die Situation in der Praxis meist so aus, wie in Abbildung 27 dargestellt.

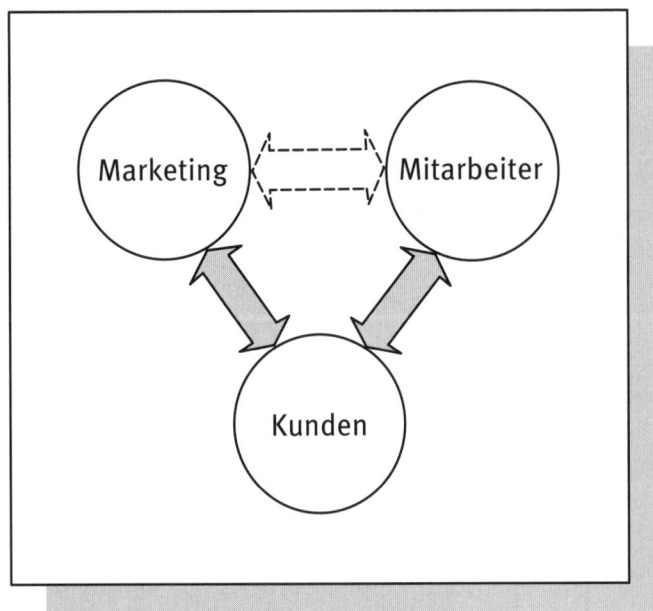

Abbildung 27: Häufig genützte Kommunikationswege

- Die Schiene Marketing–Kunde ist zumeist der einzige von Unternehmen bewusst gestaltete Kommunikationskanal.
- Die Schiene Mitarbeiter–Kunde wird von Unternehmen zwar wahrgenommen, aber selten bewusst gestaltet oder gefördert.
- Die Schiene Marketing–Mitarbeiter wird von Unternehmen zumeist nicht in ihrer tatsächlichen Bedeutung wahrgenommen.

Diese Situation birgt die Gefahr in sich, in der Kommunikation inkongruent (widersprüchlich) zu werden. Wie aus der Abbildung 27 leicht abzulesen, muss das, was der Kunde vom Marketing erfährt, nicht mit dem übereinstimmen, was der Mitarbeiter im Kontakt mit dem Kunden kommuniziert und vice versa. Eindrucksvolle Beispiele bieten rigide Staatsbetriebe. Während die Werbung an Agenturen delegiert wird, die versuchen, in der Massenkommunikation das Bild professioneller Dienstleistungsbetriebe zu zeichnen, gehen diese Bemühungen komplett an den Mitarbeitern dieser Betriebe vorbei. Als Kunde sieht man sich mit launischen und inkompetenten Leistungserbringern konfrontiert, die alle Bemühungen des Marketing im wahrsten Sinne des Wortes mit einem Achselzucken zunichte machen.

Wir wollen uns aber hier nicht mit Negativbeispielen aufhalten, sondern uns lieber die Frage stellen, wie dieses Dreieck besser genützt werden kann. Der richtige Ansatz dafür liegt auf der Hand: die Kommunikation, die der Kunde erlebt, muss in sich stimmig sein. Das heißt, dass das Marketing und die Mitarbeiter (zumindest die Leistungserbringer) dieselben Botschaften glaubwürdig vermitteln.

Wie nützen Sie das Kommunikationsdreieck?

Wer auch immer das operative Marketing für Ihre Dienstleistungen durchführt – ob es eine Marketingabteilung ist, ein Produktmanager, ein Serviceleiter oder Sie selbst –, ein Grundsatz gilt immer: Der Marketingverantwortliche für Ihre Dienstleistungen muss sich zwei Gruppen widmen. Extern Ihren Zielgruppen und intern den Erbringern Ihrer Dienstleistung (im Idealfall allen Mitarbeitern Ihres Unternehmens). Das Ziel dabei ist, eine ausgewogene Situation im

Kommunikationsdreieck herzustellen, wie sie in Abbildung 28 dargestellt ist.

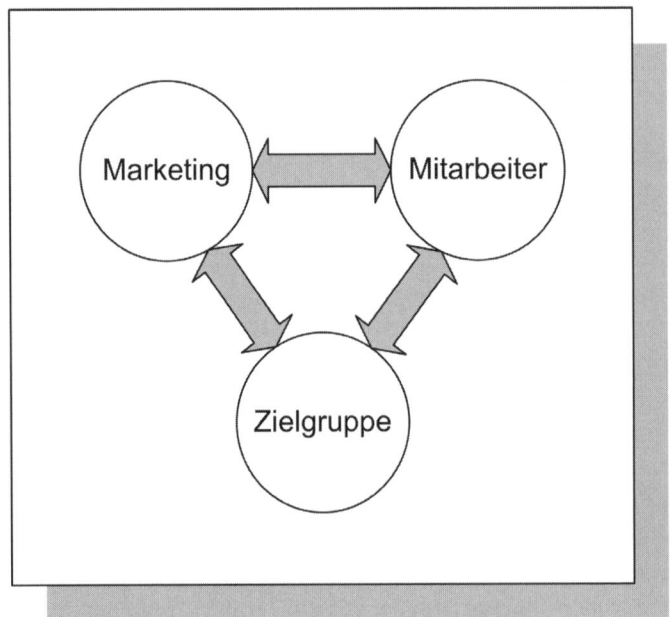

Abbildung 28: Idealzustand im Kommunikationsdreieck

Die Frage ist nun, worum soll sich der Dialog zwischen Marketing und Mitarbeitern drehen? Nun, einfach um alle Themen, die für einen Kunden von Relevanz sein können. Welche das sind, findet man am einfachsten, wenn man die Kommunikation zwischen Kunden und Leistungserbringer untersucht. Diese findet bei vielen Gelegenheiten statt, zum Beispiel im Rahmen von:

- Beratung im Vorfeld (Erstinformationen, Lösungvorschläge, Auskünfte etc.)
- Erbringung (Projektbesprechungen, leistungsbezogene Gespräche etc.)
- Nachbetreuung (E-Mails, Besuche, Telefonate etc.)
- Beschwerden (Gespräche, postalische Beschwerden etc.)

Der Dialog von Marketing und Mitarbeitern sollte auf alle diese möglichen Situationen eingehen und Richtlinien für die jeweilige Kommunikation geben. Welche Situationen das genau sind, hängt natürlich von der jeweiligen Dienstleistung ab. Entscheidend ist jedenfalls, dass der Dialog von Marketing und Leistungserbringer überhaupt stattfindet. Damit wird sichergestellt, dass sich die Mitarbeiter im Kontakt mit den Kunden weitgehend homogen verhalten. Um den so wichtigen internen Dialog zwischen Marketing und Mitarbeitern zu entwickeln, können Sie sich zum Beispiel folgender Mittel bedienen:

- Themenbezogene Workshops
- Meetings, Besprechungen
- Informelle Zusammenkünfte
- Kollegengespräche
- Freizeitveranstaltungen
- Interne Schulungen
- Schwarzes Brett
- Erfolgsmeldungen
- Interne Memos
- E-Mail
- Intranet

Wenn Sie Ihre interne Kommunikation mit diesen oder ähnlichen Mitteln pflegen, werden Sie auf zwei Arten davon profitieren: Erstens schaffen Sie sich die Möglichkeit, sozusagen „über die Bande" auf einem zweiten Kanal mit Ihren Kunden zu kommunizieren. Ihr Marketing „nach innen" wirkt garantiert „nach außen". Zweitens erhalten Sie von Ihren Mitarbeitern viele marktrelevante Informationen, welche diese durch ihre große Kundennähe automatisch mitbringen.

Zusammenfassung – das kommt in Ihr Marketingkonzept:

- Beschreibung der Zielgruppe für „internes Marketing"
- Ansätze, wie die interne Kommunikation gestaltet wird

10. Schritt: Ihre Vertriebspartner

Dieser Schritt liefert Ihnen die nötigen Anhaltspunkte, ob für Ihre Dienstleistung die Zusammenarbeit mit Vertriebspartnern genützt werden kann und sollte. Falls Sie sich für die Nutzung von externen Vertriebskanälen entscheiden, legen Sie hier in weiterer Folge die grundsätzliche Vorgangsweise fest.

Dienstleistungen kommen nicht in Kisten und Dosen vor, lassen sich nicht lagern und genauso wenig mit der Post versenden. Oft sind sie eng mit den Personen verknüpft, die sie erbringen. So eng, dass in den meisten Fällen der Erbringer selbst mit der Dienstleistung gleichgesetzt wird. Das bedeutet, dass im Vertrieb von Dienstleistungen große Unterschiede zum Vertrieb von gegenständlichen Produkten bestehen. Während Fernseher, Autos, Computer, Möbel oder Lebensmittel um die ganze Welt verschifft werden, ist das bei Dienstleistungen nur selten der Fall. Ein Grund dafür ist, dass Dienstleistungen oft nur in einem bestimmten lokalen Gebiet lukrativ vermarktet werden können. Ein anderer Grund ist, dass die Eingliederung von fremden Dienstleistungen in ein bestehendes Vertriebsnetz für potenzielle Vertriebspartner oft weder Gewinn versprechend noch besonders einfach zu realisieren ist. In der Regel führen diese Umstände dazu, dass Dienstleistungen primär im Direktvertrieb, also ohne Zwischenhändler abgesetzt werden. Für einige Dienstleistungen ist es aber trotzdem möglich und auch sinnvoll, mit Vertriebspartnern zusammenzuarbeiten. Ob Ihre Dienstleistung zu diesen Ausnahmen gehört, erfahren Sie im Folgenden.

Haben Sie Chancen bei Vertriebspartnern?

Vorausgesetzt, Sie sind an der Zusammenarbeit mit Vertriebspartnern interessiert, so sollten Sie als erstes prüfen, ob Ihre Dienstleistung auf externen Kanälen überhaupt Chancen hätte. Denn die Zusammenarbeit mit Partnern ist nur dann sinnvoll, wenn Ihre Dienstleistung ganz bestimmte Eigenschaften aufweist. Zum Beispiel wird es nur dann Sinn machen, über ein weitmaschiges

Vertriebsnetz nachzudenken, wenn Sie Ihre Dienstleistung leicht in größeren Mengen erbringen können. Im Fall einer stark eingeschränkten Kapazität sind Sie mit dem Direktvertrieb sicher besser beraten. Wenn Ihre Leistung sich aber sehr gut mit fremden Produkten oder Dienstleistungen zu Gesamtangeboten bündeln lässt, dann sollten Sie darüber nachdenken, Kontakt mit den entsprechenden Anbietern aufzunehmen. Wie Sie sehen, gilt es also in diesem Zusammenhang eine Reihe von Überlegungen anzustellen. Einige der wichtigsten dieser Überlegungen sind in der Abbildung 29 in Form eines Fragenkatalogs zusammengestellt.

Partner sinnvoll?		
sinnvoll		nicht sinnvoll
Ja	Die Dienstleistung ist in größeren Mengen leicht reproduzierbar	Nein
Ja	Die Erbringung ist von einem bestimmten Ort relativ unabhängig	Nein
Ja	Die Dienstleistung kann nicht oder nur schwer imitiert werden	Nein
Ja	Die Leistung kann mit fremden Produkten gut gebündelt werden	Nein
Ja	Vertriebspartner hätten einen starken Nutzen von der Leistung	Nein
Ja	Die Leistung ist nach Abzug der Partnerprovisionen noch rentabel	Nein
Ja	Der Eigenvertrieb wird durch Vertriebspartner nicht geschwächt	Nein

Abbildung 29: Sinnhaftigkeit von Vertriebspartnern

Überprüfen Sie für Ihre Dienstleistung die Entscheidungskriterien aus der Abbildung 29. Wenn Sie die meisten der Fragen mit „Ja" beantworten können, dann ist eine Zusammenarbeit mit externen Vertriebspartnern wahrscheinlich sinnvoll.

Welche Form der Zusammenarbeit ist geeignet?

Sofern Sie zu dem Schluss kommen, dass die Zusammenarbeit mit externen Vertriebspartnern für Sie nützlich wäre, dann bleibt noch zu entscheiden, in welcher Form eine Kollaboration stattfinden könnte. Für manche Dienstleistungen ist es notwendig, eine enge Bindung mit dem Vertriebspartner einzugehen und die Dienstleistung praktisch in einer Gemeinschaftsproduktion zu erbringen. Bei anderen Dienstleistungen ist eine lockere Zusammenarbeit im Vertrieb ausreichend – in diesem Fall werden die Leistungen analog zum klassischen Produktvertrieb weiterverkauft. Als Indikator dafür, welche Form der Zusammenarbeit für Ihre Dienstleistung richtig ist, können Sie den Individualisierungsgrad Ihrer Leistung nützen. Dieser Zusammenhang ist in der Abbildung 30 verdeutlicht.

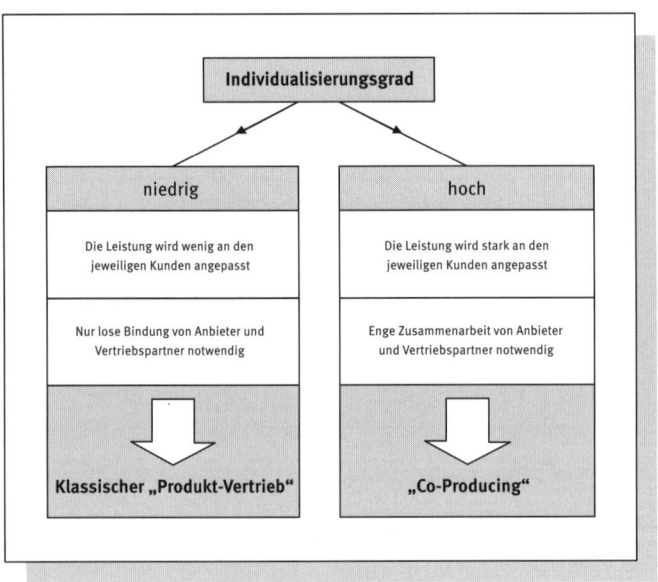

Abbildung 30: Formen der Zusammenarbeit im Vertrieb

Ist der **Individualisierungsgrad niedrig** (Ihre Leistung wird wenig an den Endkunden angepasst), so ist wahrscheinlich nur eine lose Bindung zu Ihren Vertriebspartnern notwendig. Dazu ein paar Beispiele:

- *Urlaubsreise:* Der Veranstalter vertreibt sein Angebot über Reisebüros. Die Reisebüros verstehen sich als Vermittler und nehmen keinen Einfluss auf das Angebot des Veranstalters.
- *Gesundheitscheck:* Ein Arzt bietet einen umfassenden Gesundheitscheck, der in den Filialen einer Fitnesscenter-Kette angeboten wird. Der Gesundheitscheck wird vom Arzt alleine erbracht und gestaltet, das Fitnesscenter nimmt wenig bis keinen Einfluss, es vermittelt seine Kunden auf Provisionsbasis.
- *EDV-Produktschulungen:* Ein Hersteller bietet zu seinen Produkten Schulungen, auf die Vertriebspartner der Produkte zurückgreifen können. Die Schulungen werden von Spezialisten des Herstellers erbracht, die Vertriebspartner nehmen keinen Einfluss.

Ist der **Individualisierungsgrad hoch** (Ihre Leistung wird stark an den Endkunden angepasst), so werden Sie eng mit Ihren Vertriebspartnern zusammenarbeiten müssen. Auch zu diesem Fall hier einige Beispiele:

- **Sanitärinstallationen:** Im Zuge einer Gebäudeerrichtung werden im Auftrag eines Generalunternehmers von einem Installateur Arbeiten verrichtet. Die Eingliederung der Arbeiten in das Gesamtkonzept setzt eine enge Zusammenarbeit der beiden voraus.
- **Konzert:** Ein Künstler gibt im Auftrag eines Veranstalters ein Konzert. Um den Erfolg des Events zu sichern, ist für die Gestaltung des Konzerts die enge Zusammenarbeit von Künstler und Veranstalter notwendig.
- **Gärtnereiarbeiten:** Ein Landschaftsarchitekt plant die Gestaltung einer Gartenanlage, die Umsetzung übernimmt ein Gärtnereibetrieb. Auch hier ist eine enge Kooperation von Erbringer (Gärtner) und Vertriebspartner (Architekt) notwendig.

Wie gewinnen Sie Ihre Partner?

Ihre potenziellen Vertriebspartner stellen eine eigene Zielgruppe dar, die Sie mit denselben Mitteln bearbeiten können wie Ihre potenziellen Kunden. Eine analoge Vorgangsweise (Zielgruppendefinition – klare Position besetzen – gezielte Marktkommunikation) ist daher angemessen. Im Grunde können Sie sogar soweit gehen, ein eigenes Marketingkonzept für die Gewinnung von Partnern zu erarbeiten. Eine eingehende Beschreibung von Partnermarketing würde allerdings den Rahmen dieses Leitfadens sprengen. Dennoch soll hier der wichtigste Grundsatz angeführt werden, an dem Sie sich bei Ihren Bemühungen um Vertriebspartner orientieren können: **Das zentrale Motiv von Wiederverkäufern ist Rentabilität.** Im Klartext heißt das, Ihre Vertriebspartner werden an Ihren Leistungen Geld verdienen wollen. Auf den ersten Blick scheint die Rentabilität für die Partner hauptsächlich von den Handelsspannen (im Fall von Dienstleistungen wahrscheinlich Provisionen) abzuhängen. Auf den zweiten Blick wird klar, dass die Gewinnsituation der Partner von wesentlich mehr abhängt. Zum Beispiel wird sie auch davon bestimmt, welche Absatzförderung (Werbung, PR etc.) Sie selbst für die Leistung betreiben. Oder davon, wie weit Sie den Vertriebspartner dabei unterstützen, diese Arbeiten in seinem lokalen Einzugsgebiet selbst durchzuführen. Die Rentabilität hängt auch davon ab, wie gut sich Ihre Dienstleistung mit anderen Produkten oder Dienstleistungen Ihres Partners kombinieren lässt. Wovon auch immer seine Rentabilität in Ihrem speziellen Fall abhängt, eines steht in jedem Fall fest: Für erfolgreiche Partnergewinnung müssen Sie sich mit diesen Einflussfaktoren beschäftigen, die Rentabilität für Ihre Vertriebspartner optimieren und in Ihrer Kommunikation mit potenziellen Partnern gezielt in den Mittelpunkt stellen.

Zusammenfassung – das kommt in Ihr Marketingkonzept:

* Entscheidung pro oder kontra Vertriebspartner
* Begründung der Entscheidung
* Falls ja, angestrebte Form der Zusammenarbeit
* Beschreibung des Ansatzes, wie Partner gewonnen werden sollen

11. Schritt: Ihre Planung

Dieser Schritt liefert Ihnen die Übersetzung Ihrer Festlegungen in konkrete Maßnahmen. Damit stellen Sie sicher, dass Ihr Konzept den notwendigen Realitätsbezug entwickelt.

Es ist keineswegs das gleiche, einen Weg zu kennen und einen Weg zu gehen. Kennen gelernt haben Sie Ihren Weg in den Schritten 1 bis 10. Sie haben sich auf strukturierte Weise einen Überblick über die einzelnen Teilbereiche verschafft und die grundlegenden Entscheidungen bezüglich Ihrer Vorgangsweise getroffen. Was zu Ihrem Erfolg jetzt noch fehlt, ist eine genaue Wegbeschreibung – ein Plan, der es Ihnen leicht macht, beständig voranzukommen. Dieser Plan gewährleistet einen laufenden Überblick, gibt allen Beteiligten eine Anleitung, was wann geschehen muss, und ermöglicht eine stetige Kontrolle des Fortschritts.

Wie kommen Sie zu Ihrer Planung?

Im Grunde geht es bei der Planung darum, dass Sie zu den Punkten, die Sie in Ihr Marketingkonzept aufgenommen haben, nun konkrete Maßnahmen festlegen. Diese Maßnahmen übertragen Sie am besten in einen Wochenplan, in dem auch die gegenseitigen Abhängigkeiten sowie das Zusammenspiel Ihrer Maßnahmen sichtbar werden. Sie können dafür einen Jahresplaner aus einem Kalender verwenden oder die Übersicht mit einem beliebigen Planungstool aufstellen. Beachten Sie dabei folgende Punkte:

- **Planen Sie realistisch.** Das bedeutet, dass Sie nur Maßnahmen aufnehmen, die Sie tatsächlich durchführen können, und Sie diese auch nur für Zeiträume einplanen, innerhalb derer die Umsetzung möglich ist.
- **Beachten Sie Abhängigkeiten.** Sofern notwendig oder sinnvoll, stimmen Sie die einzelnen Maßnahmen aufeinander ab. Das ist besonders wichtig für alle Maßnahmen, die sich auf den Kommunikationsbereich beziehen.

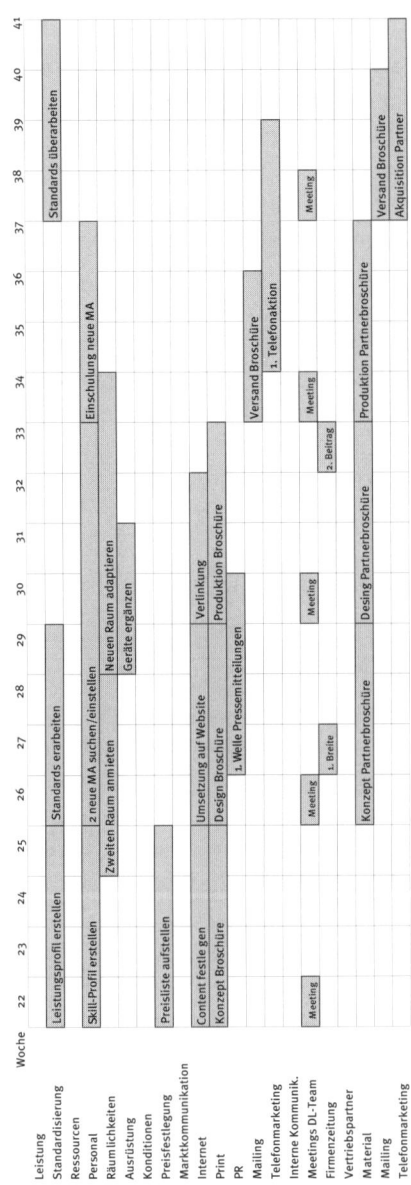

Abbildung 31: Beispiel für einen einfachen Marketingplan

- **Bleiben Sie fokussiert.** Nehmen Sie in Ihre Planung nur Maßnahmen auf, die tatsächlich zur Erreichung Ihrer Ziele dienen.
- **Gehen Sie strukturiert vor.** Orientieren Sie sich mit der Struktur Ihrer Planung an der Gliederung Ihres Marketingkonzepts.

Ein Beispiel, wie die Maßnahmen einer solchen Planung aussehen könnten, liefert Ihnen die Abbildung 31. Das Beispiel zeigt einen Maßnahmenplan für ein mittelständisches Handelsunternehmen, das einen bis dato kleinen Dienstleistungszweig vergrößert. Die im Plan abgebildeten Maßnahmen setzen auf den grundlegenden Basisrecherchen auf, die im Rahmen des Marketingkonzepts bereits erfolgt sind (speziell zu den Schritten Leistung, Ziele, Zielgruppe, Positionierung und Konditionen). Die dafür notwendigen Maßnahmen scheinen im Marketingplan nicht mehr auf. Diese Vorgehensweise sollte immer beherzigt werden – alles andere wäre auch absurd, würden doch sonst im Marketingplan all jene Maßnahmen stehen, die zur Erstellung eines Marketingkonzepts notwendig sind, und nichts wäre gewonnen. Also: Ihre Planung ist der abschließende Schritt, setzt auf Ihr Konzept auf und gibt ihm den letzten Schliff in Richtung Umsetzung.

Zusammenfassung – das kommt in Ihr Marketingkonzept:

- Übersicht der Maßnahmen (Planung)
- Beschreibung einzelner Maßnahmen
- Kostenübersicht der Maßnahmen

Gliederung für Ihr Marketingkonzept

Was genau in Ihr Marketingkonzept Eingang finden sollte, ist jeweils am Ende der einzelnen Schritte des Leitfadens zusammengefasst. Hier finden Sie diese Punkte nochmals im Rahmen eines kompletten Gliederungsvorschlags. Ihr Marketingkonzept könnte also folgendes Inhaltsverzeichnis aufweisen:

1. Leistung
  1.1 Umfang
  Allgemeine Beschreibung der Dienstleistung
  Erwähnung der Art der Dienstleistung
  (rein, sekundär oder veredelt)
  1.2 Prozesse
  Beschreibung der Prozesse,
  aus denen die Dienstleistung besteht
  1.3 Nutzen
  Beschreibung des Nutzens, den die Dienstleistung bietet
  1.4 Motivebene
  Beschreibung und Begründung des wichtigsten
  Kaufmotivs für die Dienstleistung
  1.5 Standardisierung
  Auflistung, welche Prozesse standardisiert werden müssen
  Auflistung, was am Verhalten der Erbringer standardisiert
  werden muss

2. Ressourcen
  2.1 Vorhandene Ressourcen
  Aufzählung vorhandener Ressourcen, die genützt werden
  können
  („Human Resources", Objekte, Systeme, Wissen, Finanzmittel)
  2.2 Aufzubauende Ressourcen
  Aufzählung von Ressourcen, die noch aufgebaut werden müssen
  („Human Resources", Objekte, Systeme, Wissen, Finanzmittel)
  2.3 Gegenüberstellung
  Ggf. eine Gegenüberstellung der
  vorhandenen/aufzubauenden Ressourcen

3. Ziele
3.1 Mission
Beschreibung des „Auftrags" als Dienstleistungsanbieter
3.2 Vision
Beschreibung des langfristigen „Traumziels"
3.3 Jahresziele
Definition von konkreten 1-Jahreszielen
Definition von konkreten 2-Jahreszielen
Definition von konkreten 3-Jahreszielen

4. Zielgruppe(n)
4.1 Zielgruppendefinition(en)
Definition(en) der ausgewählten Zielgruppe(n)
Begründung der Auswahl
Weitere mögliche Zielgruppe(n) für einen späteren
Bearbeitungszeitraum
4.2 Steckbrief(e) der Zielgruppe(n)
Beschreibung der Zielgruppenmitglieder und deren Umfeld

5. Positionierung
5.1 Marktpositionierung
Angestrebte Positionierung am Markt
Begründung zur Auswahl
5.2 Positionierungen des Mitbewerbs
Falls vorhanden, die Positionierungen der Mitbewerber

6. Mitarbeiter
6.1 Skill-Profile
Beschreibung der benötigten Skills
Beschreibung der erwünschten Soft Skills
6.2 Ausbildung
Eventuell notwendige Ausbildungsmaßnahmen
für bestehende Mitarbeiter

7. Konditionen
7.1 Preispolitik
Gewählte Strategie für das Preis-Leistungs-Verhältnis

(Premium, Average, Skimming oder Penetration)
Begründung der Strategie
- aus der Marktpositionierung
- aus der eigenen Kostenstruktur
- aus der erwarteten Nachfrage
- aus dem Wert aus Kundensicht
- aus dem Mitbewerb

7.2 Preisfestlegung
Preise für die einzelnen Leistungen
Formale Faktoren (Verrechnung, Preisbenennung,
Form, Nachlässe)

8. Marktkommunikation

8.1 Mittel und Wege
Aufzählung der geplanten Kommunikationswege („wo?")
(z.b. Hausmesse, persönliche Termine, Telefon,
Leistungserbringung etc.)
Aufzählung der geplanten Kommunikationsmittel („womit?")
(z.B. Werbeeinschaltungen, Broschüren, Muster,
Konzepte, Website etc.)

8.2 Inhalte
Beschreibung der vorgesehenen Inhalte („was?")
(Zielgruppe, Kaufmotiv, USP; Search, Experience und
Credence Qualities)

9. Interne Kommunikation

9.1 Zielgruppe
Beschreibung der Zielgruppe für „internes Marketing"

9.2 Kommunikationsmittel
Ansätze, wie die interne Kommunikation gestaltet wird

10. Vertriebspartner

10.1 Vertriebspolitik
Entscheidung pro oder kontra Vertriebspartner
Begründung der Entscheidung

10.2 Partnermarketing

Ggf. angestrebte Form der Zusammenarbeit
(klassischer Vertrieb oder Co-Producing)
Ggf. Beschreibung des Ansatzes, wie Partner
gewonnen werden sollen

11. Planung

11.1 Marketingmaßnahmen

Übersicht der Maßnahmen
Beschreibung der Schwerpunkte
Beschreibung einzelner Maßnahmen

11.2 Kosten

Kostenübersicht der geplanten Maßnahmen

Kennzeichen guter Marketingkonzepte

Wenn Sie den Leitfaden durchgearbeitet haben, dann liegt jetzt vielleicht schon das Marketingkonzept für Ihre Dienstleistung auf dem Tisch. Möglicherweise sind Sie auch neugierig, ob Sie sich mit Ihrem Konzept auf dem richtigen Weg befinden. Nun, die definitive Antwort kann Ihnen nur die Umsetzung liefern. Denn kein Konzept ist Selbstzweck und steht für sich allein. Das Ziel ist und bleibt größtmöglicher Erfolg am Markt. Ob Ihr Konzept nun gut oder weniger gut ist, entscheidet sich also einzig und allein im Rahmen dessen, was es zu bewirken imstande ist.

Lassen Sie sich versichern, der Markt ist ein unbestechlicher Richter. Er trifft seine Entscheidungen völlig emotionslos. Wenn Sie seine Gesetze respektieren, werden Sie mit dem Erfolg belohnt, den Sie sich wünschen. Leisten Sie sich aber nur ein paar kleine Übertretungen, und er straft Sie mit Ablehnung und Desinteresse. Verstehen Sie also Ihr Marketingkonzept als Vorbereitung für Ihre Begegnung mit diesem eiskalten Richter. Und damit Sie möglichst gut gerüstet sind, hier ein paar abschließende Empfehlungen:

- **Erstens, gute Marketingkonzepte beschränken sich auf das Wesentliche.** Wenn Sie normalerweise eher dazu neigen, die Bäume und nicht den Wald zu betrachten, dann machen Sie es diesmal genau umgekehrt. Stellen Sie Ihren Blick auf die großen Zusammenhänge ein, Details sind eine Sache der Planung. Die bloße Aufzählung möglichst vieler Fakten, und seien sie noch so gut recherchiert, macht noch kein Konzept aus. Das Prinzip erfolgreicher Konzeption besteht darin, relevante Fakten zu sammeln, zu interpretieren und zu verstehen. Sobald die Bedeutung der entscheidenden Fakten erkannt ist, wird es leicht, die wesentlichen Zusammenhänge in einem Konzept zu verarbeiten. Machen Sie also nicht den Fehler, sich in zu vielen Details zu verlieren, sondern konzentrieren Sie sich mit Ihrem Konzept auf das wirklich Wesentliche.
- **Zweitens, gute Marketingkonzepte sind klar und verständlich.** Wenn Sie es schaffen, sich mit Ihrem Konzept auf die großen

Zusammenhänge zu konzentrieren, wird Ihnen auch die Anwendung dieser Regel leicht fallen. Denn die großen Richtungen, die wesentlichen Ansätze, lassen sich am besten in einer kompakten Form beschreiben. Zu viele Details und Fakten verwirren nur. Im besten Fall lenken sie von den großen Zusammenhängen ab, im ungünstigsten Fall dienen sie dazu, zu verschleiern, dass es keine gibt. Wenn Sie also nicht in Verdacht geraten wollen, dass Ihr Konzept zu wenig Substanz hat, dann formulieren Sie knapp, einfach und gut nachvollziehbar. Vermeiden Sie es auch, zu viele Fremdwörter und Fachbegriffe zu verwenden. Sie können nicht davon ausgehen, dass alle Leser Ihres Konzepts wissen, was eine kognitive Dissonanz ist, was man unter dem externen Faktor versteht und wie man eine Markentraverse durchführt. Besser, Sie überlassen diese Begriffe denen, die sie erfunden haben, und konzentrieren sich stattdessen darauf, Ihre Idee auf Basis von ein paar einfachen, aber richtigen Überlegungen zu beschreiben. Das führt uns zum nächsten wichtigen Punkt, nämlich:

- **Drittens, gute Marketingkonzepte dienen der Verständigung.** Diese Aussage bezieht sich auf eine der wichtigsten Anwendungen eines Marketingkonzepts. Natürlich ist es richtig, dass ein Konzept dem Verantwortlichen – also Ihnen – dabei hilft, seine Gedanken zu sortieren und eine gerade Linie zu einem Zielbild zu entwickeln. Viel wichtiger ist aber die Einsicht, dass Marketingkonzepte niemals von einer einzigen Person umgesetzt werden. Meistens sind viele Leute damit beschäftigt, das definierte Ziel zu erreichen. Und damit sie die von Ihnen abgesteckte gerade Linie dorthin erkennen können, brauchen Ihre Mitstreiter Informationen. Genau diesen Informationsbedarf sollte Ihr Konzept abdecken. Bedenken Sie also immer: Ihr Marketingkonzept wird von anderen Leuten gelesen werden. Dabei ist es nicht entscheidend, dass Sie diese Personen mit möglichst vielen Fakten und Fremdwörtern beeindrucken, sondern Ihnen genau die richtigen Anhaltspunkte liefern, damit sie den Weg sehen und sich daran orientieren können. Fassen Sie Ihr Marketingkonzept also als ein Kommunikationsmittel auf. Erstellen Sie es

so, dass es im Grunde von jedem verstanden werden kann – egal
ob es sich dabei um den Mitarbeiter einer Bank, Ihre eigenen
Teammitglieder, Ihren Vorgesetzten oder einen Werbemittler
handelt. Denn Sie werden alle diese Personen brauchen, wenn
Sie Ihr Ziel nicht nur niederschreiben, sondern auch tatsächlich
erreichen wollen.

- **Viertens, gute Marketingkonzepte bestehen jahrelang.** Dieser
Grundsatz wendet sich gegen den Mythos, der da lautet, dass
Marketingkonzepte ohnehin keinen Bestand haben, da sich
dauernd alles ändert. Dieser Mythos ist nur dann zutreffend,
wenn ein Konzept nicht weitsichtig genug ausgearbeitet wurde.
Es stimmt schon, kleine Kurskorrekturen sind immer notwendig. Niemand kann voraussagen, wie sich das dynamische
Umfeld unserer Wirtschaft in den nächsten Jahren im Detail
entwickeln wird. Darauf ist immer Rücksicht zu nehmen und
eine gewisse Anpassungsfähigkeit notwendig. Aber ständig
grundlegende Richtungsänderungen vorzunehmen, führt nirgendwo hin. Vor allem dann, wenn die Änderungen nicht von
dem sich entwickelnden Umfeld erzwungen werden, sondern
daraus resultieren, dass das ursprüngliche Konzept nicht ausreichend durchdacht war. Finden Sie also Ihre Linie, und dann
halten Sie sich daran. Sie ändern ja Ihren Kindern, Ihrem Mann,
Ihrer Frau und Ihren Freunden gegenüber auch nicht ständig die
Linie. Sie haben ein Konzept für den Umgang mit diesen
Menschen, und nach diesem Konzept leben Sie. Genauso brauchen Sie ein Konzept für den Umgang mit einer weiteren
Gruppe von Menschen, nämlich Ihren bestehenden und zukünftigen Kunden. Einziger Unterschied ist, dass Sie in diesem Fall
Ihr Konzept formalisieren und niederschreiben. Umso mehr
zeitlichen Bestand sollte es haben.

- **Fünftens, gute Marketingkonzepte werden von Menschen verfasst, die ihre Kunden verstehen.** Das bedeutet, dass Ihre wichtigste Aufgabe bei der Konzepterstellung darin besteht, Realität
in den Ansatz zu bringen. Realität insofern, dass Ihr Konzept von
echten Menschen mit einem echten Leben und echten Bedürfnissen handeln soll. Gedankenlesen wird Ihnen diese Realität

nicht ermöglichen. Sie müssen schon hinausgehen, mit Kunden oder zukünftigen Abnehmern sprechen und ihnen zuhören. Sie müssen darauf vertrauen, dass Sie die wahren Bedürfnisse der Menschen erkennen können. Dann wird es Ihnen ganz leicht fallen, passende Dienstleistungen zu entwickeln und für diese Dienstleistungen ein schlagkräftiges Marketingkonzept zu entwickeln. Fangen Sie an.

3. Minutenaufgaben

Kurz und bündig

In diesem Abschnitt finden Sie ergänzend eine Sammlung von Kurzaufgaben, die wesentliche Punkte des Dienstleistungsmarketings in einem speziellen Licht beleuchten. Diese Minutenaufgaben sind sehr effizient – sie ermöglichen Ihnen, innerhalb von wenigen Minuten zu oft ganz entscheidenden Einsichten über Ihr Dienstleistungsangebot und dessen Vermarktung zu kommen. Mit anderen Worten, sie sind in kurzer Zeit zu lösen und wirken außerordentlich schnell.

Im Gegensatz zum Abschnitt „Leitfaden zum Marketingkonzept" verfolgen die Minutenaufgaben keinen programmatischen Ansatz. Sie greifen jeweils ein Schlüsselthema heraus, stellen es in den Kontext Ihrer Arbeitspraxis und liefern Hinweise, die sofort umgesetzt werden können.

Wann und in welcher Reihenfolge Sie sich mit den Minutenaufgaben beschäftigen, spielt keine Rolle. Sie können erst die anderen Kapitel lesen und dann zur Wiederholung oder Vertiefung die Minutenaufgaben einsetzen. Oder Sie beginnen Ihre Lektüre mit diesem Abschnitt und beschäftigen sich später mit den Marketinggesetzen bzw. dem Leitfaden. In jedem Fall stellen die scheinbar kleinen Informationsportionen der Minutenaufgaben eine große Hilfe bei der Anwendung von Dienstleistungsmarketing in Ihrer Arbeitspraxis dar.

Minutenaufgabe Nr. 1

Metapher für Dienstleistung

Wählen Sie eine bestimmte Dienstleistung aus Ihrem Dienstleistungsangebot aus.

Stellen Sie sich vor, Sie beschreiben diese Dienstleistung jemandem, der keine Fachkenntnisse in Ihrer Branche hat (z.B. private Freunde und Bekannte, PartnerIn usw.).

Entwerfen Sie zu diesem Zweck eine kurze Metapher (bildhaftes Gleichnis), die Ihre Dienstleistung und deren Nutzen verständlich macht. Starten Sie ein Experiment: Bringen Sie das Gleichnis in den nächsten Tagen in Gesprächen unter und beobachten Sie die Reaktionen.

Minutenaufgabe Nr. 2

Interner Informationsbedarf

Wählen Sie eine bestimmte Dienstleistung aus Ihrem Dienstleistungsangebot aus.

Erstellen Sie eine Liste der Personen in Ihrem Unternehmen, mit denen ein Kunde dieser Dienstleistung in Kontakt kommen kann. Lassen Sie dabei niemand aus – diese Personen werden aus den verschiedensten Bereichen stammen, von der Telefonzentrale über die Buchhaltung bis zur Technik.

Schreiben Sie auf Ihrer Liste neben den Personen dazu, was diese über die Dienstleistung wissen müssen, damit sie ihre Funktion für den Kunden erfüllen können. Ist dieser Informationsbedarf bei allen Personen auf Ihrer Liste tatsächlich abgedeckt?

Minutenaufgabe Nr. 3

Überzeugung von Partnern

Angenommen, Sie möchten die Absatzwege für Ihre Dienstleistungen verbreitern und suchen zu diesem Zweck Vertriebspartner. Entscheidend wäre bei diesem Vorhaben, potenzielle Partner gut zu motivieren und ihnen Sicherheit zu vermitteln.

Im Laufe Ihrer Gespräche mit „Händlern" würden Sie (offen oder verdeckt) mit einem klassischen Vorbehalt konfrontiert werden: „Wie garantieren Sie mir, dass ich einen meiner Kunden, dem ich Ihre Dienstleistungen vermittle, nicht ganz an Sie verliere?"

Welche Lösung könnten Sie für diese berechtigte Sorge Ihrer zukünftigen Partner finden? Wie lautet Ihre Antwort auf diesen Vorbehalt?

Minutenaufgabe Nr. 4

Erhebungen bei Kunden

Je mehr wir über unsere Kunden wissen ...

... umso leichter wird es für uns, unsere Dienstleistungen zu verkaufen.
... umso gezielter können wir bei der Erbringung ihre Bedürfnisse abdecken.
... umso mehr Chancen auf Zusatzverkäufe ergeben sich für uns.

Schreiben Sie auf, welche Informationen über einen Ihrer Dienstleistungskunden unbedingt bekannt sein sollten, bevor ihm ein konkretes Angebot gemacht wird und bestimmte einzelne Leistungen vorgeschlagen werden.

Welche dieser Informationen werden in Ihrem Unternehmen in der Praxis tatsächlich erhoben?

Minutenaufgabe Nr. 5

Dienstleistungen angreifbar machen

Wählen Sie eine bestimmte Dienstleistung aus Ihrem Dienstleistungsangebot aus.

Überlegen Sie, wie Sie diese Dienstleistung für einen möglichen Kunden „greifbar" machen können – im wahrsten Sinne des Wortes.

Welche End- oder Nebenprodukte, Beschreibungen, Modelle, Symbole und dergleichen könnten Sie einem Kunden zum Anfassen und Mitnehmen in die Hand geben?

Minutenaufgabe Nr. 6
Persönliche Kaufmotive

Wählen Sie eine bestimmte Dienstleistung aus Ihrem Dienstleistungsangebot aus.

Schreiben Sie nieder, welchen sachlichen Nutzen diese Leistung für einen Kunden oder das Unternehmen des Kunden bringt.

Überlegen Sie anschließend, welches persönliche Bedürfnis Ihres Kunden (z.b. Gewinn, Sicherheit, Kontakt, Prestige, Gesundheit, Bequemlichkeit etc.) dadurch befriedigt wird.

Minutenaufgabe Nr. 7
Kaufentscheidungsgruppe

Kaufentscheidungen werden selten von nur einer Person getroffen. Meist spielen Influencer (beeinflusst aufgrund Eigeninteresse), Decider (trifft die Kaufentscheidung), Buyer (führt den Kauf durch) und User (wendet an) eine Rolle. Legen Sie zu einigen Ihrer bestehenden Dienstleistungskunden eine Liste nach folgendem Muster an:

	Influencer	Decider	Buyer	User
Kunde Firma X	Hr. Maier	Fr. Weiß	Hr. Maier	Hr. Maier
Kunde Firma Y	Hr. Gruber	Hr. Karl	Fr. Anders	Hr. Klein

Untersuchen Sie Ihre Liste und stellen Sie fest, aus welchen Personenkreisen bei Ihren Kunden die einzelnen Gruppen jeweils stammen (z.B. könnte sich herausstellen, dass Ihre Buyer meistens Mitarbeiter aus dem Einkauf sind). Wie können Sie dieses Wissen nützen?

Minutenaufgabe Nr. 8
Standardisierung des Verhaltens

Die Qualitätsdimension „Einfühlungsvermögen" kennzeichnet, wie weit im Rahmen einer Dienstleistung auf nicht geäußerte, individuelle Kundenanforderungen eingegangen wird.

Um diesen Punkt genauer zu untersuchen, wählen Sie eine bestimmte Dienstleistung aus Ihrem Dienstleistungsangebot aus. Welche konkreten, überprüfbaren Qualitätsmerkmale könnten Sie einrichten, um die Dimension „Einfühlungsvermögen" für diese Dienstleistung laufend zu überprüfen?

Minutenaufgabe Nr. 9

Zeitgerechte Planung

Drei Weihnachtsmänner sind heuer im Dezember ordentlich unter Stress gekommen. Bei einem Becher Punsch beschließen sie genervt, ihre Leistungen in Zukunft – zumindest teilweise – nicht mehr unentgeltlich zu erbringen.

Nach dem fünften Punsch steht ihr Unternehmenskonzept. Sie werden ab dem nächsten Jahr ihre Dienste Firmen für die interne Bescherung von deren Mitarbeitern anbieten.

Wenn die drei Weihnachtsmänner im Advent Aufträge haben wollen, wann müssen sie a) mit der Planung und b) mit der Umsetzung Ihres Marketings beginnen?

Minutenaufgabe Nr. 10

Reaktionsbereitschaft nützen

Oftmals taucht die Frage auf: Wann ist der beste Zeitpunkt, sich an eine neue Zielgruppe zu wenden? Die Antwort wird natürlich von den Umfeldeinflüssen abhängen, denen die jeweilige Zielgruppe ausgesetzt ist. Denn wirtschaftliche, gesellschaftliche und politische Einflüsse bestimmten oft den aktuellen Bedarf unserer Zielgruppen.

Dennoch sind erfahrungsgemäß im Jahreslauf drei Zeitpunkte besonders günstig, eine neue Zielgruppe anzusprechen: Jahresbeginn, Ostern (Frühlingsbeginn) und September (neues Schuljahr). Diese Zeiten sind in uns allen fest als Perioden des Neubeginns verankert, sodass wir in diesen Phasen viel leichter als sonst bereit sind, uns auf Neues einzulassen.

Die Frage lautet: Gab es in letzter Zeit einen Dienstleistungsanbieter, dem es gelungen ist, zu einem dieser Zeitpunkte Ihre „innere Bereitschaft" für Neues zu nützen?

Minutenaufgabe Nr. 11

Qualitätsmanagement

Beständige Arbeit an der Qualität ist im Dienstleistungssektor unabdingbar. Durch den starken Personenbezug bei Dienstleistungsprodukten zielt das Qualitätsmanagement hier nicht nur auf eine kontinuierliche Verbesserung der Prozesse, sondern auch immer auf die Entwicklung des Verhaltens des einzelnen Leistungserbringers.

Es gibt fünf wichtige Voraussetzungen für kontinuierliche Verbesserung:

- Echte Verpflichtung des Managements zur Qualitätsarbeit
- Geeignete Systeme und Strukturen
- Programmatischer Ansatz
- Einbeziehen aller Mitarbeiter
- Probleme werden als Chancen aufgefasst

Welche dieser Voraussetzungen sind in Ihrem Unternehmen nicht ausreichend gegeben? Wie könnte man sie schaffen?

Minutenaufgabe Nr. 12

Marktpositionierung

Wählen Sie ein Fremdprodukt aus, mit dem Sie oft in Kontakt kommen. Das kann ein gegenständliches Produkt oder eine Dienstleistung sein.

Versuchen Sie aus allem, womit der Hersteller bzw. Anbieter zu Ihnen kommuniziert (Broschüren, Präsentationen, Handbücher, Gespräche, Mitteilungen, Presseartikel etc.), die von ihm beabsichtigte Marktpositionierung zu erkennen. Schreiben Sie diese Positionierung in einem Satz nieder.

Minutenaufgabe Nr. 13
Integrierte Kommunikation

Für Dienstleistungen spielt Integrierte Kommunikation eine besondere Rolle. Kommunikation „integriert" zu betreiben, bedeutet, alle Maßnahmen aus einer zentralen Marktpositionierung abzuleiten. Darüber hinaus steht es aber auch dafür, die einzelnen Kommunikationsinstrumente bewusst im Verbund einzusetzen – gemäß dem Grundsatz: Das Ganze ist mehr als die Summe seiner Einzelteile.

Versuchen Sie einige Kombinationsmöglichkeiten von Kommunikationsmitteln für Ihre Dienstleistungen zu finden (z.B. ein Mailing kündigt eine Veranstaltung an, dort werden Hand-outs verteilt, weitere Gesprächstermine vereinbart etc.).

Warum wirken solche Kombinationen stärker als einzelne Kommunikationsmittel? Und sind die Botschaften der einzelnen Mittel aufeinander abgestimmt?

Minutenaufgabe Nr. 14
Innovative Dienstleistungen

Das Dienstleistungsgeschäft boomt, ständig kommen neue Dienstleistungen auf den Markt. Einige davon sind nicht ganz so neu, wie sie sich geben, sondern präsentieren sich nur in neuem Gewand. In diesen Fällen spricht man von „Marktinnovationen". Andere sind komplett neuartig – sie heißen „echte Innovationen". Mit echten Innovationen leitet man stets ein Experiment ein. Wird der Markt sie annehmen oder nicht? Denn alles was neu ist, ist interessant – es macht aber auch Angst. Menschen bringen daher echten Innovationen immer gemischte Gefühle entgegen.

Wie könnten Sie Kunden den Zugang zu echten Dienstleistungs-Innovationen erleichtern? Worin sehen mögliche Auftraggeber das größte Risiko bei einer neuartigen Dienstleistung? Welches Sicherheitsnetz können Sie rund um dieses Risiko weben?

Minutenaufgabe Nr.15

Wiederholungsprinzip

Keine Strategie, um eine neue Zielgruppe zu erschließen, ein neues Produkt auf dem Markt einzuführen, zeigt sofort Erfolge. Damit Kommunikation wirksam sein kann, muss die zu transportierende Information ausreichend oft wiederholt werden. Das kann einige Zeit in Anspruch nehmen. Eine der größten Tugenden im Marketing ist daher die Geduld.

Wenn eine neue Dienstleistung nach drei Monaten noch nicht greift, wie würden Sie reagieren:

- Die Dienstleistung aus dem Angebot nehmen?
- Die Kommunikation verändern?
- Konsequent weitermachen?

Minutenaufgabe Nr.16

Kundensteckbrief

Jedes Unternehmen spricht eine bestimmte Art von Kunden ganz besonders an. Die hohe Attraktivität Ihrer Dienstleistung für bestimmte Abnehmer wird nicht nur von dem Angebot, dessen Nutzen oder persönlichen Motiven bestimmt. Auch eine gute Übereinstimmung von Werten und Glaubenssätzen bindet Abnehmer und Anbieter enger aneinander.

Um zu erkennen, welche Personen Sie und Ihr Unternehmen besonders ansprechen, analysieren Sie Ihre Topkunden. Finden Sie die Gemeinsamkeiten Ihrer besten Kunden heraus und erstellen Sie einen Steckbrief. Das hilft Ihnen, besonders interessante Abnehmer (schneller) zu erkennen, wenn Sie Ihnen begegnen.

Minutenaufgabe Nr.17

Typische Erstkäufe

Für viele Dienstleistungsangebote gibt es „Einstiegsdrogen". Darunter sind jene Leistungen zu verstehen, die besonders oft als Erstkäufe in Anspruch genommen werden.

Wenn es in Ihrem Dienstleistungs-Portfolio solche speziellen Leistungen gibt, dann heben sich diese selbst bei einer oberflächlichen Analyse sofort ab. Sehen Sie in Ihren Daten nach: Was kaufen Neukunden bei Ihnen am häufigsten?

Können Sie bei einer bestimmten Leistung eine Häufung feststellen, dann liegt eine „Einstiegsdroge" vor. Bieten Sie diese Leistung gezielt neuen Kunden an.

4. Dienstleistungstest

Neue Perspektiven

Habe ich das richtige Marketingkonzept verfasst? Werde ich mit meinem Vorhaben den erhofften Erfolg haben? Kann ich mit meinen Dienstleistungen vielleicht mehr verdienen? Was könnte ich unternehmen, um mehr Kunden zu finden? Für Fragen wie diese ist der Test in diesem Kapitel eine große Hilfestellung. Natürlich ist der vorliegende Test kein Orakel, das die Antworten auf alle Ihre Fragen kennt – dafür aber ein fundiertes und systematisches Instrument, das Ihnen die Erfolgschancen und das Potenzial Ihrer Dienstleistungen vor Augen führt.

Das besondere Kennzeichen dieses Tests ist, dass Sie damit eine Gesamtbetrachtung Ihrer Dienstleistung vornehmen. Sobald Sie sich durch den Fragenkatalog durchgearbeitet haben, entsteht als Ergebnis eine einseitige Darstellung, die eine klare Sprache spricht: Sie werden auf einen Blick erkennen, wo bei Ihrer derzeitigen Vorgehensweise die größten Verbesserungschancen bestehen. Nehmen Sie sich also die 15 Minuten Zeit und erlauben Sie dem Fragenkatalog, Ihnen zu einer aussagekräftigen Vogelperspektive Ihrer Dienstleistung zu verhelfen.

Dabei ist es völlig egal, ob Sie bereits die anderen Kapitel gelesen haben, ob Sie schon ein Marketingkonzept verfasst haben oder ob Sie dieses Buch gerade zum ersten Mal in den Händen halten. In jedem Fall wird Ihnen der Test neue Einsichten und Ansätze bringen.

Wenn Sie eine **bestehende Dienstleistung** untersuchen, finden Sie mit dem Test heraus, wie Sie ihr zu mehr Kunden, Akzeptanz und Umsatz verhelfen.

Wenn Sie eine **geplante Dienstleistung** verwirklichen möchten, erfahren Sie mit dem Test, wie gut Ihre Vorbereitung ist und mit welchem Erfolg Sie rechnen dürfen.

Ob Sie nun eine neue Dienstleistung noch vor dem Start testen oder ein bestehendes Angebot auf neue Chancen untersuchen – auf jedem Fall dürfen Sie sich von dem Test zwei Wirkungen erwarten: Erstens werden die Testfragen an sich Sie schon auf neue Ideen bringen, noch bevor Sie überhaupt das Testergebnis sehen. Und wenn Sie schließlich das Endergebnis vorliegen haben, zeigt es Ihnen auf einen Blick Ihre derzeitigen Stärken und Schwächen.

Die Fragen zur Ihrer Dienstleistung

Bevor Sie den Fragenkatalog durchgehen, **legen Sie erst genau fest, für welche Dienstleistung** Sie die Fragen beantworten. Wenn Sie mit Ihrem Unternehmen oder Ihrer Abteilung mehrere Dienstleistungen anbieten, dann wählen Sie davon eine aus, deren Marktchancen Sie besonders interessieren. Tragen Sie in das folgende Feld ein, welche Dienstleistung Sie mit dem Test überprüfen:

Meine Dienstleistung: _____

Der Fragenkatalog besteht aus einfachen Multiple-Choice-Fragen. Kreuzen Sie einfach jene Antworten an, die Ihre Situation am besten kennzeichnen:

1   *Gibt es einen klar umrissenen Personenkreis, für den Ihre Dienstleistung geschaffen ist?*
    ❑ A: Meine Dienstleistung ist für die verschiedensten Personenkreise nützlich.
    ❑ B: Meine Leistung werden einfach jene beanspruchen, die sie brauchen.
    ❑ C: Meine Leistung ist für ganz bestimmte Leute entworfen.

2   *In welchem Ausmaß ist Ihre Dienstleistung geeignet, persönliche Bedürfnisse Ihrer Käufer (wie z.B. Sicherheit, Gewinn, Gesundheit oder Bequemlichkeit) anzusprechen?*
    ❑ A: Meine Dienstleistung zielt stark auf persönliche Bedürfnisbefriedigung ab.

☐ B: Meine Leistung hat mit Bedürfnisbefriedigung nichts zu tun.

☐ C: Persönliche Bedürfnisse spielen bei meiner Dienstleistung keine zentrale Rolle.

3   *Können Sie in einem Satz auch Nicht-Experten verständlich machen, worin Ihre Leistung besteht?*

☐ A: Nein, das wäre zu kompliziert.

☐ B: Ja, kein Problem.

☐ C: Dafür sind schon zwei oder drei Sätze notwendig.

4   *Sind Sie sicher, dass Sie (bzw. Ihre Mitarbeiter) über die notwendigen Fähigkeiten und Fertigkeiten verfügen, um die Dienstleistung professionell erbringen zu können?*

☐ A: Noch nicht, aber wir werden das schon rechtzeitig lernen.

☐ B: Für den Moment reicht es, aber dazulernen würde nicht schaden.

☐ C: Ja, absolut.

5   *Wie würden Sie das Preis-Leistungs-Verhältnis Ihrer Dienstleistung bezeichnen?*

☐ A: Ausgezeichnet.

☐ B: So wie bei allen anderen.

☐ C: Wir holen für uns raus, was geht.

6   *Haben Sie fest definierte Ziele, was Sie innerhalb eines festgelegten Zeitraums mit Ihrer Dienstleistung erreichen wollen?*

☐ A: Wozu soll ich mir jetzt Gedanken machen, was irgendwann sein wird.

☐ B: Ja, ich habe meine Ziele im Kopf.

☐ C: Ja, ich habe meine Ziele aufgeschrieben.

☐ D: Schon, aber ich weiß noch nicht genau, wie lange ich für die Erreichung brauche.

7   *Wenn Sie Ihr wichtigstes Ziel betrachten – ist es so überprüfbar, dass Sie auch erkennen können, wenn Sie es erreicht haben?*

☐ A: Ja, eindeutig.

☐ B: Das weiß ich dann schon.

☐ C: Ich habe noch keine genauen Ziele definiert.

8 Haben Sie eine genaue Vorstellung, welche Fragen sich ein potenzieller Kunde über Ihre Dienstleistung stellen würde, bevor er kauft?

☐ A: Die zentralen Fragen, die Interessenten sich stellen werden, sind mir klar.

☐ B: Wozu? Wenn Kunden etwas wissen wollen dann sagen sie das schon.

☐ C: Ja, ich kenne den Informationsbedarf meiner Zielgruppe sehr genau.

9 Wenn Sie einem potenziellen Neukunden gegenüberstehen, haben Sie dann professionelle Unterlagen für ihn, die Ihre Leistung genau beschreiben?

☐ A: Brauche ich nicht, meine Dienstleistung wird hauptsächlich im Gespräch verkauft.

☐ B: Ja, ich habe eine genaue Leistungsbeschreibung für Interessenten.

☐ C: Keine Leistungsbeschreibung, aber ich gebe ihm eine Firmenbroschüre.

10 Haben Sie eine Aufstellung, was Sie alles für die erfolgreiche Erbringung Ihrer Dienstleistung brauchen (z.B. welche Räumlichkeiten, Know-how, Ausrüstung, Mitarbeiter. ...)?

☐ A: Ich habe eine genaue Aufstellung.

☐ B: Das habe ich im Kopf.

☐ C: Damit habe ich mich noch nicht beschäftigt.

11 Wurde bereits eine Personengruppe festgelegt, die Sie gezielt über Ihre Dienstleistung informieren werden?

☐ A: Grundsätzlich ja, aber ich muss mir noch die Daten besorgen.

☐ B: Ja, ich habe bereits eine Adressdatei.

☐ C: Nein, ich vertraue auf Mundpropaganda.

12 Können Sie in einem Satz sagen, warum man eine Leistung wie die Ihre überhaupt (nicht einmal unbedingt von Ihnen) in Anspruch nehmen sollte?

☐ A: Da gibt es mehrere gute Gründe.

☐ B: Ich habe noch nie verstanden, warum die Leute ihr Geld ausgeben.

☐ C: Ja, das ist doch sonnenklar.

13 *Gibt es ein Marketingkonzept für Ihre Dienstleistung?*
☐ A: Ja, ich habe das Konzept im Kopf.
☐ B: Ich habe ein schriftliches Marketingkonzept.
☐ C: Nein, Marketingkonzepte sind ohnehin nur heiße Luft.
☐ D: Nein, aber ich weiß, ich sollte über die grundlegenden Punkte einmal nachdenken.

14 *Können Sie die wichtigsten Gemeinsamkeiten der Leute nennen, die Ihre Dienstleistung kaufen sollen?*
☐ A: Wie soll das gehen, alle Menschen sind verschieden.
☐ B: So ungefähr kann ich sie schon beschreiben.
☐ C: Ich habe einen richtigen Steckbrief meiner potenziellen Kunden.

15 *Ist es Ihnen möglich, in einem Satz zu sagen, warum Ihre Kunden die Dienstleistung ausgerechnet bei Ihnen in Anspruch nehmen sollen?*
☐ A: Ich kann es nicht in einem Satz sagen, aber ich zeige meinen Kunden mein Bemühen.
☐ B: Wenn sie woanders auch kaufen, warum nicht auch bei mir?
☐ C: Da gibt es mehrere gute Gründe.
☐ D: Ja, da gibt es einen sehr guten Grund.

16 *Stimmt der Preis Ihrer Dienstleistung mit dem Bild überein, das Sie von Ihrem Unternehmen vermitteln wollen (z.B. Qualitätsimage – hoher Preis; Diskontimage – niedriger Preis)?*
☐ A: Preise haben für mich nichts mit Image zu tun.
☐ B: Der Preis unterstreicht das Image meines Unternehmens.
☐ C: Der Preis ist o.k., er widerspricht dem Image meines Unternehmens nicht.
☐ D: Ich weiß, da sollte ich dringend etwas ändern.

17 *Haben Sie eine Vorstellung, wo Ihre möglichen Kunden eine Dienstleistung wie die Ihre von sich aus suchen würden?*
☐ A: Ich kann mir schon vorstellen, wo nachgefragt wird.

☐ B: Ich weiß exakt, wo nachgefragt wird.

☐ C: Die Wege der Kunden sind oft verschlungen, ich habe keine Ahnung.

18 *Haben Sie einen Plan, wie Sie Ihre Dienstleistung bewerben werden?*

☐ A: Ich bevorzuge es, bei der Werbung günstige Gelegenheiten zu nützen, die sich ergeben.

☐ B: Das ist alles genau geplant und läuft ab wie ein Uhrwerk.

☐ C: Erst muss Geld hereinkommen, dann ist es wirtschaftlich, über Werbung nachzudenken.

☐ D: Ich habe recht konkrete Vorstellungen, aber keinen genauen Plan.

19 *Wie einfach ist es für einen Neukunden von der Abwicklung her, Ihre Leistung in Anspruch zu nehmen?*

☐ A: Sehr einfach.

☐ B: Es gibt ein paar kleine Hürden, aber wer meine Leistung wirklich will, nimmt das in Kauf.

☐ C: Man darf es den Kunden nicht zu leicht machen – sonst denken sie, man biedert sich an.

20 *Haben Sie eine Wunschvorstellung, sozusagen eine „Vision", wo Sie mit Ihrer Dienstleistung in einigen Jahren sein möchten?*

☐ A: Träume sind Schäume.

☐ B: Ich habe eine verschwommene Vorstellung.

☐ C: So klar, als ob ich schon dort wäre.

21 *Gibt es einen Gesamtplan, der alle notwendigen Maßnahmen für den Aufbau und die Weiterführung Ihres Dienstleistungsangebots enthält?*

☐ A: Ich habe einen schriftlichen Plan, der sich auf die wesentlichen Schritte konzentriert.

☐ B: Die Planung habe ich im Kopf.

☐ C: Pläne sind etwas für Detailverliebte Erbsenzähler, aber nicht für mich.

☐ D: Ich habe einen detaillierten schriftlichen Plan.

22 *Haben Sie eine Vorstellung, mit welchen Werbemitteln Sie Ihre Zielgruppe am besten bearbeiten?*
- ☐ A: Heute läuft alles über das Internet, eine Homepage ist genug.
- ☐ B: Ich weiß genau, mit welchen Mitteln ich meine Zielgruppe am besten erreiche.
- ☐ C: Ich muss erst herausfinden, worauf meine Zielgruppe wirklich anspricht.
- ☐ D: Ich kenne ein gutes Mittel, aber weitere würden nicht schaden.

23 *Ressourcen kosten Geld. Haben Sie schon ermittelt, wie hoch Ihre Kosten sind?*
- ☐ A: Ich habe noch nicht nachgerechnet.
- ☐ B: Überschlagen wird sich das ausgehen.
- ☐ C: Ich habe eine genaue Kostenrechnung angestellt.

24 *Wie schätzen Sie Ihre Kommunikationsfähigkeit und soziale Kompetenz (bzw. die Ihrer Dienstleistungserbringer) ein?*
- ☐ A: Ich bin (wir sind) wie geschaffen für den Kundenkontakt.
- ☐ B: Ich (wir) verhalte mich höflich und professionell.
- ☐ C: Das brauche ich nicht für meine Dienstleistung.
- ☐ D: Hängt von meiner Tagesverfassung ab.

25 *Wie groß ist der sachliche Nutzen, den ein Käufer aus Ihrer Dienstleistung bezieht?*
- ☐ A: Der Nutzen ist hoch, aber für meine Kunden nicht gleich zu erkennen.
- ☐ B: Der Nutzen ist hoch und auch für meine Kunden offensichtlich.
- ☐ C: Meine Dienstleistung bietet keinen sachlichen Nutzen.

26 *Steht Ihnen bereits jetzt alles zur Verfügung, was Sie für die professionelle Erbringung Ihrer Dienstleistung brauchen?*
- ☐ A: Manches muss ich mir erst noch erschließen.
- ☐ B: Ich habe noch recht wenig von den benötigten Ressourcen.
- ☐ C: Ich habe alles und kann jederzeit loslegen.

27 *Wissen Sie, wie viel Sie von Ihrer Leistung pro Jahr verkaufen müssen, um rentabel zu arbeiten?*

☐ A: Nicht exakt, aber erfahrungsgemäß geht sich das aus.

☐ B: Ich weiß genau, wo mein Break-even liegt.

☐ C: Egal wie viel ich verkaufe, meine Dienstleistung ist in jedem Fall rentabel.

Für die Testauswertung verwenden Sie bitte den nachfolgenden Punkteschlüssel.

Ihre Punktezahlen

Nachdem Sie die Fragen beantwortet haben, markieren Sie in diesem Schlüssel Ihre Antworten (A, B, C oder D) und Sie erhalten Ihre Punktzahlen:

	Antwort			
Frage	A	B	C	D
1	2	0	4	
2	4	0	1	
3	0	4	2	
4	0	3	6	
5	4	2	0	
6	0	2	4	1
7	4	1	0	
8	3	0	4	
9	0	4	2	
10	4	1	0	
11	2	4	0	
12	3	0	6	
13	3	6	0	1
14	0	2	4	
15	2	0	3	6
16	0	4	3	1
17	2	4	0	
18	1	4	0	2

19	4	2	0	
20	0	2	4	
21	4	2	0	6
22	0	4	1	2
23	0	1	4	
24	6	4	0	2
25	2	4	0	
26	2	0	4	
27	2	4	0	

Ihre Auswertung

Für die Darstellung Ihres Ergebnisses ermitteln Sie bitte diese zehn Punktesummen:

I =   (Ihre Punktesumme der Fragen 2+3+25)
II =   (Ihre Punktesumme der Fragen 10+23+26)
III =   (Ihre Punktesumme der Fragen 6+7+20)
IV =   (Ihre Punktesumme der Fragen 1+11+14)
V =   (Ihre Punktesumme der Fragen 12+15)
VI =   (Ihre Punktesumme der Fragen 4+24)
VII =   (Ihre Punktesumme der Fragen 5+16+27)
VIII =   (Ihre Punktesumme der Fragen 8+18+22)
IX =   (Ihre Punktesumme der Fragen 9+17+19)
X =   (Ihre Punktesumme der Fragen 13+21)

Zeichnen Sie abschließend Ihre Punktesummen im Diagramm auf der nächsten Seite auf den zugeordneten Achsen ein. Verbinden Sie die Punkte mit einer Linie. Das Ergebnis zeigt Ihnen auf einen Blick, welche Chancen Ihre Dienstleistung auf dem Markt hat. Die Bedeutung der drei Bereiche finden Sie beim Diagramm erklärt, nähere Erläuterungen zu den einzelnen Achsen sind im Anschluss gegeben.

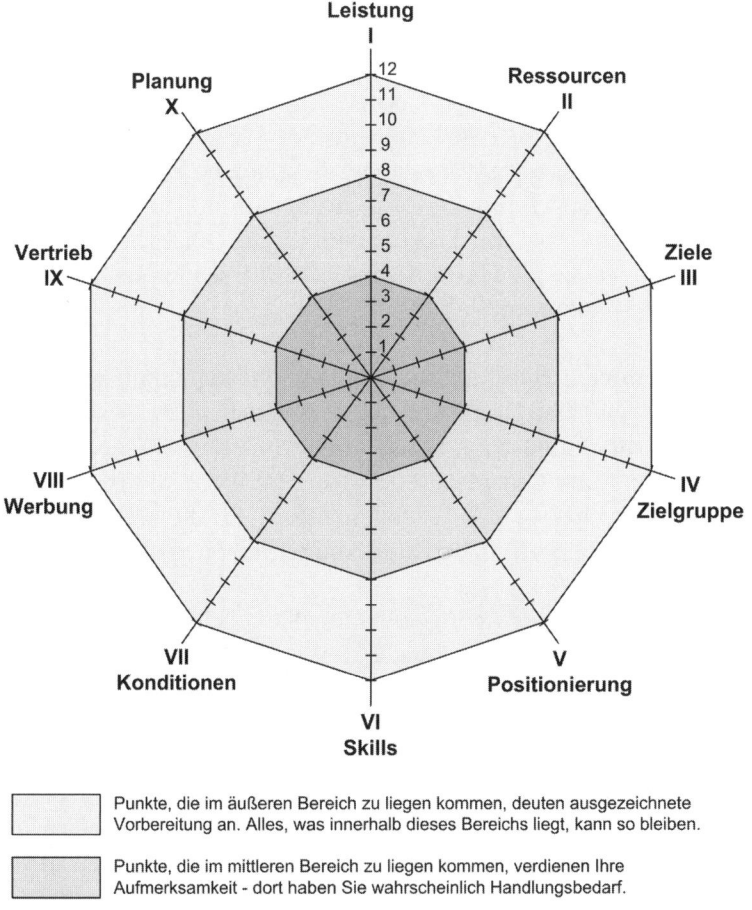

Punkte, die im äußeren Bereich zu liegen kommen, deuten ausgezeichnete Vorbereitung an. Alles, was innerhalb dieses Bereichs liegt, kann so bleiben.

Punkte, die im mittleren Bereich zu liegen kommen, verdienen Ihre Aufmerksamkeit - dort haben Sie wahrscheinlich Handlungsbedarf.

Punkte, die im innersten Bereich zu liegen kommen, stellen eine ernsthafte Gefahr für den Erfolg Ihrer Dienstleistung dar. Hier sollte rasch etwas passieren.

Abbildung 32: Die Chancen Ihrer Dienstleistung auf einen Blick

So nützen Sie Ihr Testergebnis

Jede der Achsen in dem Diagramm steht für einen wichtigen Aspekt rund um Ihr Dienstleistungsangebot. Hier erfahren Sie, was Ihre Punktzahlen auf den jeweiligen Achsen bedeuten und wie Sie mit Verbesserungen ansetzen:

Ihre Leistung: Diese Achse kennzeichnet, wie gut Ihr Produkt, also Ihre Leistung selbst, ausgearbeitet ist. Je höher die Punktzahl, umso besser orientiert sich Ihre Leistung am Bedarf und der Realität Ihrer Kunden. Wenn Sie Ihr Ergebnis in diesem Bereich verbessern wollen, nützen Sie die Hinweise des 1. Schritts im Kapitel „Leitfaden zum Marketingkonzept".

Ihre Ressourcen: Diese Achse zeigt, wie gut Sie darauf vorbereitet sind, Ihre (geplante) Leistung auch tatsächlich zu erbringen. Je niedriger die Punktezahl, umso mehr müssen Sie noch in die Vorbereitung und Organisation investieren. Wenn Sie Ihr Ergebnis in diesem Bereich verbessern wollen, nützen Sie die Hinweise des 2. Schritts im Kapitel „Leitfaden zum Marketingkonzept".

Ihre Ziele: An dieser Achse erkennen Sie, ob Sie wissen, was Sie wollen. Wenn Sie auf dieser Achse wenige Punkte haben, sollten Sie innehalten und erst einmal festlegen, was Sie überhaupt erreichen möchten. Wenn Sie Ihr Ergebnis in diesem Bereich verbessern wollen, nützen Sie die Hinweise des 3. Schritts im Kapitel „Leitfaden zum Marketingkonzept".

Ihre Zielgruppe: An dieser Achse können Sie ablesen, wie klar Ihre Vorstellungen über Ihre potenziellen Abnehmer sind. Je mehr Punkte Sie hier haben, umso genauer wissen Sie, wem Sie Ihre Leistung anbieten. Wenn Sie Ihr Ergebnis in diesem Bereich verbessern wollen, nützen Sie die Hinweise des 4. Schritts im Kapitel „Leitfaden zum Marketingkonzept".

Ihre Positionierung: Diese Achse zeigt Ihnen, ob Sie sich ausreichend Gedanken darüber gemacht haben, wie Sie eine stabile Position am Markt erreichen. Mit einer niedrigen Punktezahl haben Mitbewerber ein allzu leichtes Spiel mit Ihnen. Wenn Sie Ihr Ergebnis in diesem Bereich verbessern wollen, nützen Sie die Hinweise des 5. Schritts im Kapitel „Leitfaden zum Marketingkonzept".

Ihre Skills: Diese Achse weist aus, wie gut Sie bzw. Ihre Mitarbeiter dafür geeignet sind, Ihre Dienstleistung zu erbringen. Je mehr Punkte Sie hier haben, umso besser sind Sie für die Erbringung geeignet. Wenn Sie Ihr Ergebnis in diesem Bereich verbessern wollen, nützen Sie die Hinweise des 6. Schritts im Kapitel „Leitfaden zum Marketingkonzept".

Ihre Konditionen: An dieser Achse erkennen Sie, ob Sie sich ausreichend mit den finanziellen Aspekten Ihres Angebots auseinander gesetzt haben. Bei einer niedrigen Punktezahl würde etwas Beschäftigung mit Preispolitik nicht schaden. Wenn Sie Ihr Ergebnis in diesem Bereich verbessern wollen, nützen Sie die Hinweise des 7. Schritts im Kapitel „Leitfaden zum Marketingkonzept".

Ihre Werbung: Diese Achse zeigt, ob Sie wissen, wie Sie Ihre Zielgruppe(n) erreichen. Je mehr Punkte Sie hier haben, umso effizienter ist der Informationsfluss zu Ihren potenziellen Abnehmern. Wenn Sie Ihr Ergebnis in diesem Bereich verbessern wollen, nützen Sie die Hinweise des 8. Schritts im Kapitel „Leitfaden zum Marketingkonzept".

Ihr Vertrieb: Diese Achse kennzeichnet, wie leicht Sie es Interessenten machen, Kunden zu werden. Je weniger Punkte Sie hier haben, umso mehr müssen sich Ihre Interessenten anstrengen und umso weniger verkaufen Sie. Wenn Sie Ihr Ergebnis in diesem Bereich verbessern wollen, nützen Sie die Hinweise des 10. Schritts im Kapitel „Leitfaden zum Marketingkonzept".

Ihre Planung: An dieser Achse lesen Sie ab, wie professionell Sie die Vermarktung Ihrer Dienstleistung betreiben. Je mehr Punkte Sie hier finden, umso ganzheitlicher gehen Sie in Ihrer Vermarktung vor. Wenn Sie Ihr Ergebnis in diesem Bereich verbessern wollen, nützen Sie die Hinweise des 11. Schritts im Kapitel „Leitfaden zum Marketingkonzept".

5. Internetmarketing für Dienstleistungen

So paradox es klingt, das Internet als Marketing- und Vertriebskanal für Dienstleistungen ist zugleich massiv überschätzt und schwer unterschätzt. Man findet die unterschiedlichsten, oft sogar extremen Überzeugungen. Vor allem Neueinsteiger glauben gerne, dass ihnen mit einer tollen Homepage die Kunden nur so zuströmen werden. Nach den ersten Wochen und Monaten vergeblichen Wartens schließen sie sich der anderen Extremgruppe an und gelangen zu der Überzeugung, dass sich ihre Leistungen im Internet überhaupt nicht verkaufen lassen. Die Wahrheit liegt natürlich – wie so oft – in der Mitte. Mit einem ausgewogenen und auf die jeweilige Dienstleistung gut abgestimmten Web-Mix lässt sich der Absatz jeder Dienstleistung forcieren. Wichtig sind dabei vor allem Auswahl und Abstimmung der einzelnen Instrumente. Wie Sie für Ihre spezielle Dienstleistung zum richtigen Web-Mix kommen und damit Ihre Absätze steigern, ist Gegenstand dieses Kapitels.

Bevor wir in das Thema einsteigen, noch ein Hinweis allgemeiner Natur: Sie unterliegen keinerlei Zwang, das Internet überhaupt als Marketinginstrument einzusetzen. Es gibt unzählige Dienstleistungsunternehmen, die ausschließlich mit konventionellen Kommunikationsmitteln arbeiten und damit sehr erfolgreich sind. Das ist deshalb so hervorzuheben, weil es keinen Sinn macht, wenn Sie sich mit einem Medium auseinandersetzen, das Ihnen vielleicht unsympathisch oder zu fremd ist. Wenn Ihnen die digitale Welt liegt, wunderbar, dann werden Sie Mittel und Wege finden, das Web zu Ihrem Vorteil zu nützen. Einiges dazu werden Sie diesem Kapitel entnehmen können. Falls Sie das Medium Internet nicht oder nur spärlich verwenden wollen, dann bedeutet das aber keineswegs, dass damit Ihr geschäftlicher Untergang vorprogrammiert ist. Um es mit einem Satz zu sagen: Internetmarketing ist eine Option, kein Muss.

Grundregeln für Internetmarketing

In weiterer Folge werden Sie in diesem Kapitel viel darüber erfahren, welche Instrumente Ihnen im Internetmarketing zur Verfügung stehen und wie Sie diese zu einem Web-Mix zusammenstellen, der Ihre Dienstleistungen optimal unterstützt. Bevor wir uns diesen konkreten Themen zuwenden, sollten Sie sich erst noch mit einigen Grundregeln vertraut machen, die Ihnen viel Zeit und Geld ersparen werden.

Internetmarketing ist ein Prozess: Eine der wichtigsten Voraussetzungen für ein funktionierendes Internetmarketing ist, dass Sie eine realistische Vorstellung aufbauen. Das setzt weiters voraus, dass Sie sich mit den Möglichkeiten, den erzielbaren Ergebnissen und vor allem mit dem notwendigen laufenden Aufwand bereits im Vorfeld auseinandersetzen. Und das am besten lange bevor Sie daran gehen, irgendetwas konkret umzusetzen. Denn eine der Hauptquellen der Frustration bilden Instrumente, die das jeweilige Unternehmen überfordern. Dazu zwei Beispiele: Ein mittelständischer Dienstleistungsanbieter kommt zu dem Schluss, dass sich ein Diskussionsforum auf der Firmenhomepage gut machen würde. Die Webagentur setzt diese Anforderung um, und nach einer kurzen euphorischen Startphase stellt sich heraus, dass dieses Forum einen Moderator braucht. Außerdem müssen die Kunden noch aktiv motiviert werden, an der Diskussion in dem Forum teilzunehmen. Nach einiger Zeit wird das Forum wieder eingestellt, weil sich im Unternehmen niemand findet, der diesen Aufwand übernehmen kann. Und auch Einpersonen-Unternehmen zeigen dieses Muster: Zum Beispiel wird ein Blog groß angekündigt und einige Wochen tatsächlich mit Beiträgen befüllt. Danach wird die Pflicht, ständig neue Beiträge zu verfassen dem Anbieter zur Last und sein Blog schläft wieder ein.

An diesen beiden Beispielen lässt sich erkennen, dass Internetmarketing keine statische Lösung ist, die einmal aufgebaut wird und dann laufend als Kundengewinnungsmaschine funktioniert. Diese Vorstellung ist eine Illusion. Sobald Sie beginnen, ins Internetmarketing einzusteigen, rufen Sie damit einen Prozess ins Leben, der laufend Ressourcen benötigt. Selbst Minimallösungen wie eine einfache Homepage wollen immer wieder gewartet und aktualisiert werden. Für Ihre Planung bedeutet das: Beziehen Sie immer mit ein, dass jedes Instrument im Internet einen laufenden Aufwand für Sie erzeugt. Mit der reinen Erstellung eines Kommunikationsmittels ist es also nie getan. Beachten Sie diesen Zusammenhang auch, wenn Sie eine Webagentur beauftragen. Zu den Kosten für die Erstellung eines Instruments gesellen sich immer Kosten für den laufenden Betrieb hinzu.

Im Grunde können Sie sich funktionierendes Internetmarketing wie ein Fahrzeug vorstellen – neben den Anschaffungskosten brauchen Sie ein zusätzliches Budget, um den laufenden Betrieb sicherzustellen. Andernfalls haben Sie ein Auto mit einem leeren Tank und abgelaufener Zulassung in der Garage stehen, das Sie nirgendwohin bringen wird. Und von Sperrmüll dieser Art gibt es im Internet mehr als genug: veraltete Homepages, abgerissene Blogs, gähnend leere Foren usw.

Internet als öffentlichen Raum verstehen: Das Internet hat eine wichtige Eigenschaft, über die Sie sich unbedingt im Klaren sein müssen – wenn Sie im Internet aktiv werden, begeben Sie sich in einen öffentlichen Raum. Selbst wenn Sie nur irgendwo einen Kommentar absetzen, treffen Sie vor einem größeren Publikum eine Aussage. Die Facebook-Spaßkultur lässt das viele gerne vergessen. Auf sehr eindrucksvolle Weise beschreibt das Bernd Maierhofer, selbst Geschäftsführer eines IT-Dienstleistungsunternehmens, der über längere Zeit die Statusmeldungen der Benutzer im Business-Netzwerk XING näher verfolgt hat. Er berichtet zum Beispiel, dass eine Mitarbeiterin einer Unternehmensberatung, die Persönlichkeitsentwicklung anbietet, auf XING rät: „Sollen ihm das Russen-Inkasso schicken". Und ein Mitarbeiter eines IT-Schulungsunternehmens schreibt „Ein User ist immer ein DAU - der dümmste anzunehmende User", während ein Mitarbeiter einer öffentlichen Einrichtung meint „Hartz-IV-Empfänger sollten keine Kinder bekommen dürfen". Natürlich sind solche Wortspenden im Internet, auf welcher Plattform auch immer, für den jeweiligen Arbeitgeber extrem ungünstig. Denn im Web geht nichts verloren, wie Maierhofer weiter hinweist: „Im Internet bleibt alles erhalten, wird gesucht und gefunden und das oft genug isoliert und aus dem Zusammenhang gerissen. Recruiter und HR-Abteilungen recherchieren die Bewerber im Netz, Firmen erkundigen sich über Ihre Auftragnehmer. Dann werden eben diese unbedachten Äußerungen gefunden, die an unserem Image kratzen."

Gedankenloser Umgang mit dem öffentlichen Raum Internet kann also mehr schaden als nützen. Für Dienstleistungsanbieter gilt das natürlich ganz besonders. Denn Dienstleistungen haben einen so hohen Personenbezug, dass Kaufentscheidungen nicht nur bezüglich der Leistung selbst, sondern fast immer auch bezüglich der Leistungserbringer getroffen werden. Das bedeutet eben, dass Sie ein gewisses Maß an Vorsicht walten lassen müssen. Es bedeutet aber auch, dass Sie mit dem Internet etwas erreichen können, was sich mit keinem anderen Medium so gut verwirklichen lässt: Sie können mit relativ einfachen Mitteln sich selbst bzw. Ihre Leistungserbringer bei Ihrer Zielgruppe als interessante Personen profilieren.

Leistungserbringer sichtbar machen: Wie eine Dienstleistung vom Kunden erlebt wird, hängt fast immer von der Person oder den Personen ab, die diese Leistung erbringen. Stimmt der Service im Restaurant nicht, bekommt auch das Essen einen schalen Geschmack. Quasselt einem der Taxifahrer die Ohren voll, kann die Fahrt zur Qual werden. Ist ein Schulungsleiter arrogant, wird sich das auf das Erleben seiner Kursteilnehmer auswirken. Mit anderen Worten, eine Dienstleistung ist immer untrennbar mit dem Leistungserbringer verbunden. Kunden wissen das natürlich und treffen ihre Kaufentscheidungen dementsprechend. Sie ziehen das Restaurant mit dem guten Service vor, fahren lieber mit dem höflichen Taxifahrer und buchen lieber einen Kurs bei einem engagierten und bemühten Schulungsleiter. Daraus folgt, dass Kunden sich also bereits im Vorfeld nicht nur für die Leistung, sondern auch für den Leistungserbringer interessieren. Und das gilt umso mehr, je höherwertig die jeweilige Dienstleistung ist. Eine der wichtigsten Aufgaben im Internetmarketing für Dienstleistungen ist daher, die jeweiligen Leistungserbringer auf eine sympathische Weise sichtbar zu machen. Die Möglichkeiten dafür sind vielfältig. Zum Beispiel können die betreffenden Personen ausführlich auf der Firmenhomepage vorgestellt werden. Speziell bei hochwertigen Dienstleistungen empfiehlt es sich, zusätzlich noch Skillprofile der einzelnen Mitarbeiter zum Download anzubieten. Eine weitere Möglichkeit, die Leistungserbringer sichtbar zu machen, bieten Soziale Netzwerke. Dort können ausführliche Profile angelegt werden, die viel über die jeweilige Person und Persönlichkeit aussagen. Ähnliches gilt für Fachportale, so genannte Competence Sites, wo Spezialisten ebenfalls Profile anlegen und Fachbeiträge veröffentlichen können. Auch Pressemitteilungen auf Online-PR-Portalen können genützt werden, um die Leistungserbringer noch besser im Internet sichtbar zu machen.

Das Ziel aller dieser Aktivitäten ist natürlich, die jeweiligen Leistungserbringer aus der Anonymität herauszuholen. Sie sollten im Internet einen Fußabdruck hinterlassen, der potenziellen Kunden eine Vorstellung von ihrer Person und vielleicht sogar von ihrer Persönlichkeit ermöglicht. Wenn Sie als Einpersonen-Unternehmen arbeiten, werden Sie natürlich an Ihrem eigenen Fußabdruck arbeiten. Wenn Ihr Unternehmen über mehrere oder gar viele Leistungserbringer verfügt, so sollten Sie diese dabei unterstützen, die richtigen Aktivitäten zu setzen und selbst im Internet sichtbar zu werden. In diesem Fall empfiehlt es sich auch, dafür eine unternehmensweite Policy aufzustellen. Sie sollte festlegen, welche Medien und Dienste von den Mitarbeitern betrieblich im Internet genutzt werden, wie und was von den Mitarbeitern veröffentlicht wird usw. Den Idealzustand haben Sie erreicht, wenn Sie selbst bzw. Ihre Leistungserbringer über den Personennamen in Suchmaschinen gut auffindbar sind. Konkret ist damit gemeint, dass bei einer Namenssuche zur Person in Suchmaschinen eine Reihe von Einträgen angezeigt wird. In Summe sollten die gefundenen Einträge ein interessantes, positives aber auch authentisches Profil des jeweiligen Leistungserbringers zeichnen.

Für den richtigen Content sorgen: In weiterer Folge werden Sie in diesem Kapitel mehr über die einzelnen Instrumente erfahren, die Sie für Ihr Internetmarketing einsetzen können. Die Palette ist breit und reicht von der Teilnahme in Sozialen Netzwerken über den

Einsatz eigener Firmenwebsites bis zur gezielten Verbreitung von Internetpublikationen. So vielfältig die möglichen Instrumente auch sind, sie alle haben eines gemeinsam: Es werden immer Inhalte benötigt. Oder, wie Insider zu sagen pflegen, jedes Instrument braucht seinen Content. Eine Überlegung sollte daher stets vor dem Einsatz jedes Instruments stehen: Welchen Content brauche ich dafür und wie komme ich dazu? Wenn Sie Online-PR für Ihre Dienstleistungen betreiben möchten, dann ist der Content der Inhalt Ihrer Pressemitteilungen. Wenn Sie ein Blog befüllen möchten, dann besteht der Content aus den laufenden Beiträgen. Und auf Ihrer Homepage besteht der Content natürlich aus den Seiteninhalten. Und selbst wenn Sie nur eine Statusmeldung in einem Sozialen Netzwerk absetzen, dann brauchen Sie als Content zumindest eine Textzeile. In der Praxis wird dieser Umstand oft nicht ausreichend bedacht. So kommt es, dass Webagenturen für ihre Auftraggeber zwar sehr ansprechende Websites gestalten, die dann aber nur mit banalen Leistungsbeschreibungen befüllt werden. Oder es wird versucht, Online-PR zu betreiben, wobei aber immer nur dieselben faden Unternehmensmitteilungen verschickt werden. Oder ein Freiberufler wundert sich, dass sein trockenes Profil in einem Sozialen Netzwerk keine Anfragen erzeugt. All das sind Beispiele dafür, dass Instrumente des Internetmarketing zum Einsatz gebracht werden, bei denen auf das zentrale Element vergessen wurde – den Content. Kurzum, wirksames Internetmarketing setzt voraus, dass Sie stets den passenden Content zur Verfügung haben. Man könnte sogar so weit gehen zu behaupten, dass Internetmarketing darin besteht, den richtigen Content zur richtigen Zeit an der richtigen Stelle Online verfügbar zu machen.

Was aber ist der richtige Content? Darauf gibt es eine einfache Antwort: Der richtige Content ist jener Content, der für Ihre Zielgruppe relevante und nützliche Informationen beinhaltet. Und das sind erst in zweiter Linie Informationen über Ihr Unternehmen und Ihr Leistungsangebot. Um das zu verstehen, muss man sich vor Augen halten, wie das Internet genützt wird, nämlich als Informationsmedium. Wenn Ihre Zielgruppe also im Internet nach Informationen sucht, dann sucht sie in erster Linie nach Antworten auf die

Fragen, die sie beschäftigen und erst in zweiter Linie nach konkreten Dienstleistungen. Denn nach konkreten Leistungen oder Anbietern wird erst dann gesucht, wenn der Bedarf und die gesuchte Leistung schon klar sind. Das ist zum Beispiel der Fall, wenn man mit Zahnschmerzen nach einem Zahnarzt sucht oder ein Hotel an einem bestimmten Ort buchen möchte. Um diesen Zusammenhang noch klarer zu machen, ein einfaches Beispiel: Nehmen wir an, Ihr Dienstleistungsunternehmen bietet Coachings für Führungskräfte an. Dann werden Internetseiten mit Inhalten wie „Wie finde ich den richtigen Coach" oder „10 Tipps für angehende Führungskräfte" wesentlich mehr Aufmerksamkeit erhalten, als Internetseiten, die nur aus Leistungsbeschreibungen bestehen. Der richtige Content ist also immer Content, der Ihrer Zielgruppe etwas bietet und von dem sie sofort profitiert. Um im Internet die Aufmerksamkeit Ihrer Zielgruppe zu erhalten, sollten Sie also mit jedem Instrument Content anbieten, der für Ihre Zielgruppe einen unmittelbaren Wert hat.

Auf die Zielgruppe ausrichten: Bei all Ihren Aktivitäten im Internetmarketing dürfen Sie niemals den Zweck Ihrer Bemühungen vergessen. Sie wollen schließlich neue Kunden gewinnen oder an bestehende Kunden mehr verkaufen. Um das zu erreichen, müssen Sie mit Ihren Aktivitäten unbedingt die richtigen Personen ansprechen und diese ausreichend motivieren, etwas zu kaufen oder zumindest mit Ihnen in Kontakt zu treten. So naheliegend dieser Zusammenhang klingt, gerade im Internetmarketing wird oft auf die brutalste Weise dagegen verstoßen. Die Folge sind virtuelle Luftblasen, die sich durch hohe Besucherzahlen oder Aktivitätsindizes auszeichnen aber trotzdem nicht zum gewünschten Ergebnis führen. Oder, anders gesagt, die im Netz gesetzten Aktivitäten sprechen dann zwar eine Menge Leute an aber keiner kauft etwas. Damit Sie sich davor schützen können, dass auch Ihre Aktivitäten im Web solche virtuellen Blasen erzeugen, sollten Sie wissen, wie diese entstehen. Dafür gibt es im Grunde zwei mögliche Ursachen:

Erstens, es werden ganz einfach die falschen Besucher angezogen. In diesem Fall haben Sie zum Beispiel hohen Traffic auf Ihrer Website, Ihre Aktivitäten in Sozialen Netzwerken werden von vielen

Teilnehmern verfolgt oder Ihr Blog findet jede Menge Leser. Trotzdem wirkt sich dieses Interesse nicht auf den Absatz Ihrer Dienstleistungen aus. Was läuft in diesen Fällen falsch? Nun, entweder wird der falsche Content angeboten, der zwar ein bestimmtes Publikum anspricht, nicht aber die Zielgruppe. Oder der Content wäre für die Zielgruppe richtig, wird aber im Web an den falschen Stellen angeboten. Das mit Abstand dümmlichste Beispiel, wie sich auf diesem Weg an der Zielgruppe vorbeiarbeiten lässt, bieten Gewinnspiele in Sozialen Netzwerken. Dabei legt ein Anbieter in einem Sozialen Netzwerk einige Seiten an und verknüpft diese mit einem Gewinnspiel – mit dem Ziel, über das Gewinnspiel möglichst viele Teilnehmer des Netzwerks für seine Seiten und in weiterer Folge für seine Homepage zu interessieren. Dieses naive Manöver führt zwar dazu, dass viele Teilnehmer des Netzwerks sich mit dem Anbieter verlinken, einfach weil sie etwas gewinnen möchten. An dem tatsächlichen Angebot des Anbieters bleiben sie aber völlig uninteressiert. Wenn Sie es besser machen möchten, dann beherzigen Sie einfach den Grundsatz, Ihre Aktivitäten im Web nur dort zu setzen, wo auch Ihre wirkliche Zielgruppe aktiv und aufmerksam ist. Vermeiden Sie es, sich in jedem x-beliebigen Netzwerk anzubiedern, nur weil dort viele Menschen aktiv sind. Das funktioniert in eingeschränktem Maß für die Markenbildung von Konsumgütern aber ganz bestimmt nicht für Ihre spezielle Dienstleistung.

Eine weitere Gefahr, eine virtuelle Blase zu erzeugen, besteht darin, zwar die richtigen Personen anzusprechen, ihnen aber keinen Übergang in die reale Welt anzubieten. Dann nutzen Ihre Besucher zum Beispiel das reichhaltige inhaltliche Angebot Ihrer Website, bekommen dort alle Informationen die sie suchen und haben keinen Grund mehr, mit Ihnen Kontakt aufzunehmen. In solchen Fällen wurde darauf vergessen, Zusätzliches anzubieten, das erst mit einer qualifizierten Kontaktaufnahme erhältlich ist. Die einfache Konsequenz daraus ist, mit jedem Content immer das Versprechen zu geben, dass es sich auszahlt, mit Ihnen als Anbieter in Kontakt zu treten. Dieses Versprechen kann sich auf alles Mögliche beziehen – zum Beispiel eine kostenlose Erstberatung, einen Gratiskatalog, ein News-Abo, weitere kostenlose Publikationen usw.

Zusammenfassend lässt sich sagen, dass im Internetmarketing eine relativ hohe Gefahr besteht, dass selbst wirklich engagierte Aktivitäten in einer virtuellen Blase münden. Das beste Mittel dagegen ist, Aktivitäten genau dort zu setzen, wo auch Ihre Zielgruppe aktiv ist und Content anzubieten, der speziell auf den Informationsbedarf Ihrer Zielgruppe zugeschnitten ist. Nicht zuletzt sollten Sie immer einen Anreiz schaffen, mit Ihnen als Anbieter in Kontakt zu treten.

Die richtige Internetstrategie

Wenn Sie den vorangehenden Abschnitt aufmerksam gelesen haben, dann sind Ihnen einige wesentliche Grundsätze wirksamen Internetmarketings bereits klar. Sie wissen, dass Internetmarketing ein Prozess ist, dem Sie laufend Aufmerksamkeit und Ressourcen widmen müssen. Es ist Ihnen klar, dass Sie sich im Internet in einem öffentlichen Raum bewegen, in dem es keineswegs egal ist, was Sie von sich geben. Sie kennen die große Chance, die Ihnen das Internet bietet, nämlich sich selbst bzw. Ihre Leistungserbringer für potenzielle Kunden als Personen sichtbar zu machen. Und Sie wissen, dass Sie für jede Aktivität den richtigen Content brauchen und dass Sie sich im Internet am besten dort bewegen, wo sich auch Ihre Zielgruppe aufhält. So weit so gut. Nun stellt sich aber die Frage, wie Sie das für Ihre Dienstleistung konkret angehen können.

Um die richtige Internetstrategie für Ihre spezielle Dienstleistung zu finden, brauchen Sie sich im Grunde nur eine einzige Frage zu stellen: Ist Ihre Dienstleistung ein Standardprodukt oder bieten Sie individualisierte Dienstleistungen an? Im ersten Fall vertreiben Sie Dienstleistungen, die immer gleich erbracht werden, egal wer Ihr Kunde ist und wie dessen spezielle Anforderungen aussehen – es sind eben Standarddienstleistungen. Beispiele dafür sind etwa Kinovorführungen, Flugreisen, EDV-Kurse usw. Im zweiten Fall vertreiben Sie Dienstleistungen, die Sie jeweils den Anforderungen des Kunden anpassen. Solche Dienstleistungen werden Sie zum Beispiel dann erbringen, wenn Sie als Unternehmensberater, Projektmanager, Architekt oder Rechtsanwalt auftreten. Der große Unterschied zwischen den beiden Leistungskategorien liegt darin, dass Kunden beim Kauf unterschiedlich vorgehen. Standarddienstleistungen werden als „fertige" Produkte betrachtet, analog zu gegenständlichen Produkten, und werden daher relativ bedenkenlos auch im Internet gekauft. Der Kauf von Individualdienstleistungen setzt dagegen zwingend einen persönlichen Verkaufsprozess voraus – der Kunde möchte sich versichern, dass die Dienstleistung auch dem entsprechen wird, was er erwartet. Diese Zusammenhänge sind in der Abbildung 33 dargestellt. Wie daraus leicht zu erkennen ist, können Sie in einem Webshop sehr wohl Kinotickets oder Pauschalreisen verkaufen, nicht aber Unternehmensberatungen oder Restaurationsarbeiten.

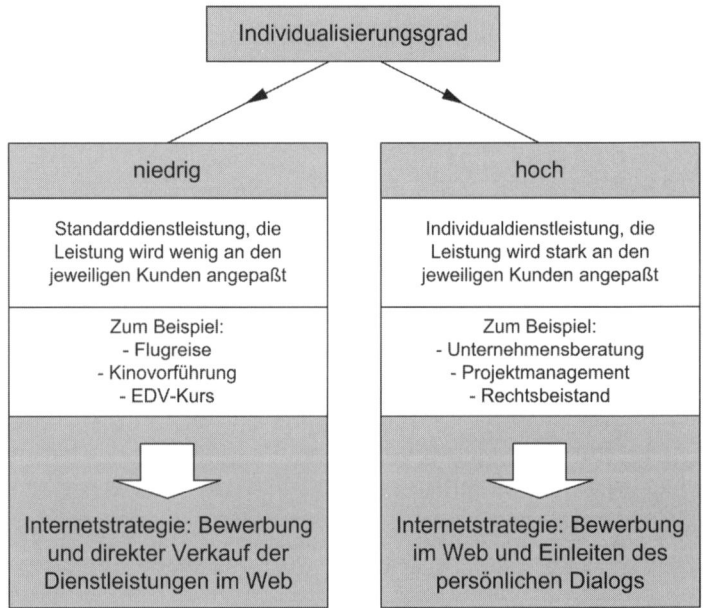

Abbildung 33: Die richtige Internetstrategie

Während Sie also Standarddienstleistungen bedenkenlos im Internet zum Kauf anbieten können, müssen Sie bei Individualdienstleistungen Ihren Besuchern im Internet etwas anderes schmackhaft machen – nämlich die persönliche Kontaktaufnahme. Das bedeutet, dass vom Individualisierungsgrad Ihrer Dienstleistung Ihre gesamte Internetstrategie abhängt.

Strategiemodell 1: Wenn Sie ein Dienstleistungsprodukt anbieten, das so weit standardisiert ist, dass es von vielen Menschen in der gleichen Weise immer wieder in Anspruch genommen werden kann, also nicht an den Kunden angepasst werden muss, dann ist mit Ihrem Internetmarketing nicht nur die Bewerbung, sondern auch der Verkauf Ihrer Leistungen möglich. In diesem Fall müssen Sie Ihr Vorgehen im Internet ganz besonders darauf ausrichten, die Search Qualities Ihrer Leistungen sehr transparent zu kommunizieren. Zur Erinnerung: Search Qualities sind alle Eigenschaften Ihrer Dienstleistung, die Ihre Zielgruppe bereits vor der Inanspruchnahme verstehen, beurteilen und vergleichen kann. Um ein Beispiel zu nennen: Bei einer Schulung gehören die Dauer, die Inhalte, der Veranstaltungsort, der Trainer und die Kosten zu den Search Qualities. Den Search Qualities kommt hier deshalb eine so große Bedeutung zu, da potenzielle Kunden speziell zu Standardprodukten im Internet gerne konkrete Informationen einholen und umfangreiche Vergleiche anstellen.

Strategiemodell 2: Wenn Sie ein Dienstleistungsprodukt anbieten, das sich nicht standardisieren lässt, also immer wieder an den Kunden angepasst wird, dann sollten Sie Ihr Internetmarketing dafür einsetzen, Ihre Leistungen zu bewerben und gleichzeitig zur Kontaktaufnahme einzuladen bzw. diese selbst anzubahnen. Denn der Verkauf von individualisierten Dienstleistungen spielt sich fast ausschließlich in der realen Welt ab, sehr selten im Internet. Sie werden in diesem Fall das Internet also am besten dafür nützen, möglichst viele neue interessante Kontakte zu knüpfen – über Informationsangebote auf Ihrer Website, durch Networking auf Social-Media-Plattformen, durch Teilnahme an Foren usw. Ziel aller Aktivitäten muss in jedem Fall sein, die virtuellen Kontakte im Internet so rasch wie möglich zu echten Kontakten in der realen Welt zu machen.

Mischform: Wenn Sie ein Anbieter sind, der primär individualisierte Dienstleistungen anbietet, dann steht Ihnen ergänzend eine Mischform der beiden Strategiemodelle offen. Sie werden zwar hauptsächlich nach dem Strategiemodell 2 arbeiten, können aber zusätzlich einzelne, standardisierte Leistungen schaffen, auf die sich das Strategiemodell 1 anwenden lässt. Zum Beispiel kann eine Unternehmensberatung als Standarddienstleistung spezielle Kurse ins Leben rufen. Diese können erfolgreich im Internet verkauft werden und stellen dann eine Einstiegsleistung für die individualisierten Leistungen mit größerem Umfang dar.

Der passende Web-Mix

Abhängig von der Art Ihrer Dienstleistungen stehen Ihnen also zwei mögliche Wege offen: Wenn Sie Standarddienstleistungen anbieten, können Sie diese im Web bewerben und dort auch direkt verkaufen. Wenn Sie Individualdienstleistungen erbringen, so können Sie diese ebenfalls im Web bewerben, müssen aber rasch auf eine persönliche Dialogführung in der realen Welt überleiten. Beiden Strategiemodellen gleich ist, dass Sie dafür mit einer einfachen Homepage nicht auskommen werden. Selbst wenn Ihre Homepage noch so schön gestaltet ist und genau die richtigen Inhalte bereitstellt, bleibt sie für sich alleine eine Insel, auf die sich wahrscheinlich nur relativ wenige Besucher verirren werden. Es ist also angebracht, statt nur mit einer Homepage mit einem Web-Mix zu arbeiten, mit dem Sie durch den kombinierten Einsatz mehrerer Instrumente ein gemeinsames Ziel verfolgen: Nämlich Ihre Zielgruppe im Internet dort abzuholen, wo sie sich bereits aufhält.

Bevor Sie daran gehen, den Web-Mix für Ihr Dienstleistungsunternehmen zusammenzustellen, sollten Sie sich mit den verschiedenen Instrumenten vertraut machen, die Ihnen dafür zur Verfügung stehen. Dabei ist anzumerken, dass diese Instrumente selbst einer starken Dynamik unterliegen, genauso wie das Web selbst. Manche Instrumente werden im Lauf der Zeit von der technischen Entwicklung oder von Änderungen im Benutzerverhalten überholt – sie fallen weg oder werden ersetzt. Und laufend kommen neue Instrumente dazu, die Sie möglicherweise in Ihren Web-Mix einbauen möchten. Es zahlt sich also aus, wenn Sie sich laufend informieren, welche Instrumente aktuell gerade sinnvoll eingesetzt werden können. Dabei kann Ihnen der Rat einer kompetenten Webagentur viele Recherchen ersparen. Als ersten Überblick finden Sie im Folgenden eine Auswahl von Instrumenten, die zum Zeitpunkt der Drucklegung aktuell waren und Ihnen für den Aufbau Ihres Web-Mix zur Verfügung stehen:

Homepage & Domain: Die Homepage Ihres Unternehmens ist sicher ein zentrales und wichtiges Instrument für Ihren Web-Mix, sollte aber niemals das einzige Mittel Ihres Internetmarketings sein. Wegen der zentralen Bedeutung, die Ihrer Homepage zukommt, ist dem Thema später in diesem Kapitel noch ein eigener Abschnitt gewidmet. An dieser Stelle ist vorerst nur anzumerken, dass Ihre Homepage über eine professionelle Internetadresse (Domain) auffindbar sein sollte. Eingebürgert hat sich in vielen Bereichen die Form www.firmenname.de, auch mit unterschiedlichen Endungen wie .eu, .at, .ch oder .net. Die Reservierung einer solchen Domain kostet zwar jährlich ein geringes Engelt – Ihre Homepage und Ihre E-Mails machen damit aber einen viel professionelleren Eindruck, als wenn Sie irgendeinen Gratisdienst nützen, bei dem in Ihrer Internetadresse dann auch die Adresse des Gratisdienstes aufscheint.

E-Mail & Newsletter: E-Mails bilden heute eines der zentralen Kommunikationsmittel und sollten daher unbedingt als Teil des Web-Mix aufgefasst werden. Eine einfache Möglichkeit dafür bietet die Mail-Signatur. Die Signatur ist im Grunde ein für die Absenderdaten gedachter Standardtext, der mit dem Mailprogramm festgelegt und dann mit jeder E-Mail versendet wird. In diese Signatur lassen sich aber auch Informationen verpacken, die zum Beispiel auf spezielle Dienstleistungen oder auf Neuigkeiten auf Ihrer Homepage hinweisen. E-Mail bietet auch die Möglichkeit, in regelmäßigen Abständen Newsletter an bestehende Kontakte zu versenden. Auf die technischen Voraussetzungen und Möglichkeiten für einen solchen Massenversand soll hier nicht eingegangen werden, da sie sich sehr rasch ändern. Unbedingt beachtet werden sollten die geltenden

gesetzlichen Vorschriften, die zum Teil das Zusenden von Werbe-
material untersagen, sofern zum Adressaten noch kein Geschäfts-
kontakt bestanden hat. Bitte informieren Sie sich unbedingt über die
aktuellen gesetzlichen Randbedingungen. Davon abgesehen ist es
allemal sinnvoll, per E-Mail Newsletter zu versenden. Newsletter
stellen eine hervorragende Möglichkeit dar, bei Stammkontakten
laufend in Erinnerung zu bleiben, über aktuelle Angebote zu informieren und ggf. den persönlichen Dialog wieder zu erneuern.

Soziale Netzwerke: Auf sinnvolle Art und Weise eingesetzt, kann
die Teilnahme in einem Sozialen Netzwerk ein wichtiger Bestandteil
Ihres Web-Mix sein. Wichtig ist natürlich die Auswahl des richtigen
Netzwerks. Manche dieser Netzwerke ziehen eher private Internet-
nutzer an, andere positionieren sich als Netzwerk im beruflichen
Umfeld. Je nach Ihrem Dienstleistungsangebot (für Privatkunden
oder für Firmenkunden) wird die eine oder andere Art von Netzwerk
für Sie nützlicher sein. Sinnvoll ist die Teilnahme natürlich nur
dann, wenn sich in dem Netzwerk Ihrer Wahl auch Mitglieder Ihrer
Zielgruppe in ausreichender Anzahl aufhalten. Ebenfalls entscheidend ist, dass Sie selbst bzw. Ihre Leistungserbringer sich die Mühe
machen, in dem Netzwerk sowohl Ihr eigenes Profil als auch Ihre
Kontakte zu pflegen. Dann ist es allerdings möglich, dass Sie von der
Teilnahme ganz entscheidend profitieren. Einerseits können Sie
durch interessante Mitteilungen neue Besucher Ihrer Firmenhomepage gewinnen, andererseits auch direkt und ohne Umwege neue
persönliche Kontakte in der realen Welt einleiten. Welche weiteren
Aktivitäten Sie in einem Sozialen Netzwerk setzen können, ist
laufenden Änderungen und Erweiterungen unterworfen. Nicht zuletzt deshalb, da die Betreiber dieser Netzwerke versuchen, ihre
Teilnehmer sowohl durch den Aufbau von Gewohnheiten als auch
durch einen hohen Spiel- und Interaktionsfaktor an sich zu binden.
Von den wesentlichen Grundfunktionen her unterscheiden sich die
Sozialen Netzwerke untereinander aber kaum, da der Mitbewerb
immer schnell nachzieht. Am besten ist also, Sie suchen sich erst das
Netzwerk Ihrer Wahl aus (jenes, wo sich Ihre Zielgruppe aufhält)
und machen sich dann mit den dort aktuell gegebenen Möglichkeiten im Detail vertraut.

Online-PR: Online-PR bietet hervorragende Möglichkeiten, Ihre Neuigkeiten im Internet weithin sichtbar zu machen. Zur Verfügung steht Ihnen im Web eine Vielzahl von Online-PR-Portalen, über die Sie Ihre Pressemitteilungen veröffentlichen können. Einige dieser Portale publizieren Ihr Material ohne Gegenleistung, manche verlangen, dass Sie zumindest einen Gegenlink setzen, andere wieder berechnen für das Veröffentlichen ein mehr oder weniger hohes Entgelt. Obwohl viele Online-PR-Portale von sich behaupten, mit einem Presseverteiler an Print-Redaktionen zu arbeiten, bleibt die Ausbeute hier in der Regel gering. Schon eher werden auf Online-PR-Portalen veröffentlichte Pressemitteilungen von anderen Online-Diensten übernommen. Der wirkliche Gewinn in der Nutzung von Online-PR-Portalen ist aber ohnehin an einer ganz anderen Stelle zu finden: Die Inhalte von solchen Portalen haben meistens automatisch sehr gute Positionen in Suchmaschinen. Das bedeutet, dass auch die von Ihnen dort veröffentlichten Pressemitteilungen – sofern sie mit den richtigen Keywords versehen sind – praktisch sofort ausgezeichnete Positionen in Suchmaschinen erhalten. Eines sollten Sie bei der Nutzung von Online-PR aber unbedingt beachten – Sie betreiben damit Öffentlichkeitsarbeit, genauso wie wenn Sie Pressemitteilungen an klassische Print-Redaktionen versenden. Und genauso wie in den Redaktionen von Print-Medien ist es auch bei Online-PR-Portalen nicht gern gesehen, wenn Ihre Texte einen allzu werblichen Charakter haben. Ihre Mitteilungen sollten vielmehr sachlich über das informieren, was für die Öffentlichkeit von Interesse sein könnte.

Online-Fachmedien: Mit dem Siegeszug des Internet wurden viele klassische Print-Medien in eine tiefe Krise gestürzt. Die Reaktion darauf war, dass bestehende Print-Medien dem Trend gefolgt sind und ihre eigenen Online-Versionen herausgebracht haben. Für viele Fachmedien ist die Online-Version mittlerweile wichtiger als die klassische Print-Version. Auch die Online-Versionen unterhalten ihre eigenen Redaktionen, die natürlich von Ihnen mit Neuigkeiten aus Ihrem Unternehmen, Fachbeiträgen und sonstigen redaktionell verwertbaren Informationen versorgt werden können. Die meisten dieser Online-Fachmedien versenden an ihre Leser auch einen eigenen Newsletter, der für Ihre Zwecke ebenfalls interessant sein kann. Am besten, Sie recherchieren erst, welche Online-Fachmedien von Ihrer Zielgruppe genützt werden, suchen dann den Kontakt mit deren Redaktionen und informieren sich über die Modalitäten einer möglichen Zusammenarbeit. Oft wird das nur in Form von bezahlten Einschaltungen möglich sein. Wenn Sie aber über ein tiefgehendes Know-how in einem bestimmten Fachgebiet verfügen, kann in manchen Fällen auch eine Kooperation auf redaktioneller Ebene möglich sein.

Online-Fachportale: Auch Competence Sites genannt, sind Online-Fachportale eigentlich eine Sonderform von Online-Fachmedien, nur mit einer etwas anderen Arbeitsweise. Statt von einer eigenen Redaktion werden die Inhalte von externen Fachleuten bereitgestellt. Das bedeutet, dass Sie im Grunde nur ein Profil auf einer Competence Site Ihrer Wahl anlegen müssen und sofort beginnen können, dort Fachartikel zu publizieren. Für Competence Sites gilt das gleiche wie für andere Online-Fachmedien – die Nutzung macht für Sie nur dann Sinn, wenn sich das Portal mit Ihrem Fachgebiet beschäftigt und wenn es von Ihrer Zielgruppe als Informationsquelle genutzt wird. Und genauso wie bei Online Fachmedien sind Beiträge mit werblichem Charakter verpönt. Competence Sites gibt es für viele Fachgebiete und Spezialthemen. Oft sprechen sie auch eine ganz bestimmte Zielgruppe an, etwa Manager, Klein- und Mittelbetriebe, Freiberufler usw.

Internetpublikationen: Im Internet haben Sie jederzeit die Möglichkeit, mittels der unterschiedlichsten Medien eigene Publikationen zu veröffentlichen. Fachartikel, Anleitungen, Checklisten, Ratgeber, Erfahrungsberichte usw. sind Informationen, mit denen Sie sich und Ihr Unternehmen als Anbieter qualifizieren können. Die möglichen Medien sind wie gesagt vielfältig. Die einfachste Form ist wohl der Fachartikel in Textform, den Sie als PDF bereitstellen. Ein weiteres beliebtes Medium sind Videos, die allerdings mit einem etwas höheren Produktionsaufwand verbunden sind. Auch das Führen eines Blogs (kurz für Weblog, eine Art Tagebuch zu einem Spezialthema) ist eine Form der Internetpublikation. Eigene Portale für Blogs machen es möglich, jederzeit praktisch kostenfrei mit der

Publikation eines Weblogs loszulegen. In der letzen Zeit erfreuen sich auch animierte Online-Präsentationen als eigenes Medium immer größerer Beliebtheit. Auch dafür gibt es Portale, auf denen Sie Ihre Präsentationen direkt im Internet erstellen können. Welches Medium auch immer Sie für Ihre Internetpublikationen wählen, die Verteilungsmöglichkeiten sind vielfältig. Sie können Ihre Fachartikel, Blogs, Videos oder Präsentationen auf Ihrer Homepage einbetten, Sie können sie per E-Mail an Ihre Kontakte versenden, in Ihrem Sozialen Netzwerk darauf Hinweise geben oder eigene Dienste für die Verbreitung verwenden, wie zum Beispiel Videoportale. Durch die Kombination mehrerer Wege erreichen Sie schließlich eine sehr hohe Verbreitung Ihrer Publikationen. Wichtig ist natürlich, dass Sie aus jeder Publikation immer auf Ihre Homepage zurück verlinken.

Online-Umfragen: Webbasierte Umfragen sind ein hervorragendes Instrument, um Ihre Zielgruppe besser zu verstehen bzw. mit ihr in einen Dialog einzutreten. Die möglichen Anwendungen für Umfragen sind vielfältig: Messungen der Kundenzufriedenheit, Abfrage von zukünftigem Bedarf oder aktuellen Bedürfnissen, Recherchen zum Verhalten der Zielgruppe usw. Webbasierte Umfragen sind sehr einfach zu realisieren, auch dafür gibt es eigene Dienste. Ihre individuelle Umfrage lässt sich einfach auf einem Webportal definieren, an Ihr Firmendesign anpassen und sogar in Ihre Firmenhomepage einbetten. Für die Auswertung der Ergebnisse werden Ihnen dort auch Werkzeuge zur Verfügung gestellt, bis hin zur grafischen Ergebnispräsentation. Die Ergebnisse Ihrer Umfragen können anschließend eingesetzt werden um den Dialog mit Ihrer Zielgruppe zu vertiefen, Online-PR mit interessanten Inhalten zu betreiben, eigene Fachartikel zu veröffentlichen oder das Informationsangebot auf Ihrer Firmenhomepage zu bereichern.

Foren: Foren sind Diskussionsplattformen, auf denen sich eine Auseinandersetzung mit bestimmten Fachthemen abspielt. Foren sind sehr weit verbreitet und es gibt wahrscheinlich kaum mehr ein Spezialgebiet, zu dem Sie nicht mindestens ein Forum finden werden. In jedem Forum haben Sie die Möglichkeit sich anzumelden, selbst an der Diskussion teilzunehmen und auf diese Weise sichtbar zu werden. Dabei sind aber zwei Grundsätze zu beachten:

Erstens, Wortmeldungen mit werblichem Charakter sind in Foren äußerst ungern gesehen. Viel besser werden Sie wegkommen, wenn Sie sich mit Erfahrungsberichten, eigenen Fragen, Hilfestellungen usw. ernsthaft an der Diskussion beteiligen. Darin kann dann auch Ihr Unternehmen vorkommen. Zweitens, viele machen den Fehler, sich an Diskussionsrunden zu beteiligen, in denen primär ihre eigenen Mitbewerber unterwegs sind. Besser ist, Sie suchen sich ein Forum, in dem hauptsächlich Ihre Zielgruppe vertreten ist.

Online-Werbung: Natürlich gibt es im Internet ein riesiges Angebot um kostenpflichtige Werbung zu betreiben. Von der klassischen, allgegenwärtigen Banner-Werbung ist allerdings eher abzuraten. Internetbenutzer entwickeln in zunehmendem Maß eine Banner-Blindheit, worunter zu verstehen ist, dass Banner-Werbung von den meisten Betrachtern einer Internetseite bereits unbewusst ausgeblendet wird. Sinnvoller kann der Einsatz von Adwords sein. Adwords sind im Grunde an Schlüsselbegriffe geknüpfte Textanzeigen, die bei Suchmaschinen gebucht werden, per Click abgerechnet werden und deren Einsatz sich sehr genau steuern lässt, bis hin zu bestimmten geografischen Regionen. Wichtig beim Einsatz von Adwords ist, mit der Textanzeige nicht einfach auf die Startseite Ihrer Homepage zu linken, sondern auf eine wirklich relevante Seite, die sofort auf das beworbene Thema Bezug nimmt.

Sie haben nun einige der Instrumente kennengelernt, aus denen Sie den Web-Mix für Ihr Dienstleistungsunternehmen aufbauen können. Wie am Beginn dieses Abschnitts erwähnt, unterliegen alle diese Instrumente einer laufenden Entwicklung. Es ist also sinnvoll, wenn Sie Ihren Web-Mix als einen dynamischen Mix ansehen, den Sie immer wieder variieren und den aktuellen Möglichkeiten anpassen. Es kommt auch nicht so sehr darauf an, dass Sie dieses oder jenes bestimmte Instrument unbedingt verwenden – viel entscheidender ist die Kombination, also die Zusammenstellung zu einem Mix, in dem die ausgewählten Instrumente zusammenarbeiten und einander ergänzen. Um Ihnen eine Orientierung dafür zu geben, wie das in der Praxis geschehen kann, betrachten wir als fiktives Beispiel den Web-Mix eines Beratungsunternehmens aus der Informationstechnologie, der in der Abbildung 34 schematisch und stark vereinfacht dargestellt ist.

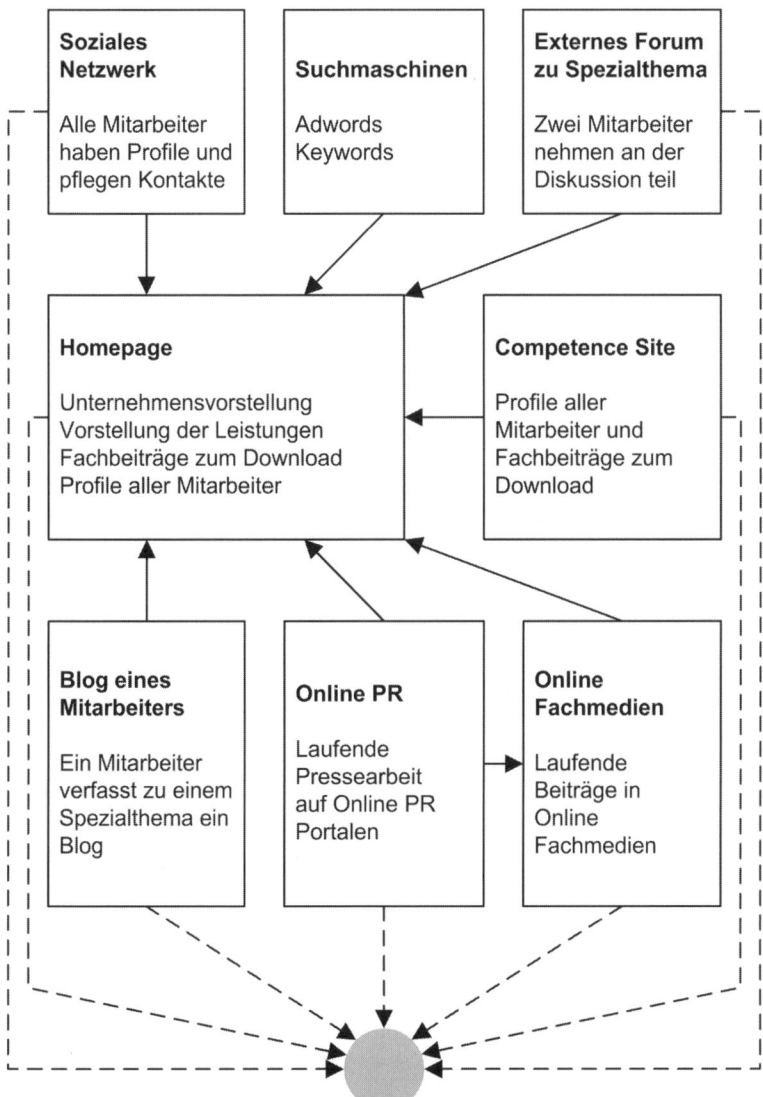

Ziel = persönlicher Kontakt in der realen Welt
und Einstieg in eine Dialogführung

Abbildung 34: Web-Mix eines IT Beratungsunternehmens

Da das Unternehmen individualisierte IT-Dienstleistungen anbietet, arbeitet es nach dem oben beschriebenen Strategiemodell 2. Das heißt, mit allen Instrumenten des Web-Mix wird das Angebot des Unternehmens zwar beworben, aber immer mit dem Ziel, rasch einen persönlichen Kontakt in der realen Welt herzustellen. Der Web-Mix dient also primär dazu, neue Kontakte zu gewinnen und mit diesen am Aufbau einer Geschäftsbeziehung zu arbeiten. Dieses Ziel ist in der Abbildung 34 am unteren Ende dargestellt. Der Web-Mix an sich besteht aus einer Kombination von mehreren Instrumenten, die ein weiteres gemeinsames Merkmal haben: Mit allen Instrumenten werden die Mitarbeiter des Unternehmens im Web für die Zielgruppe sichtbar gemacht. Es werden also nicht nur die Leistungen des Unternehmens in den Vordergrund gestellt, sondern immer auch die Spezialisten, von denen diese Leistungen erbracht werden. Damit wird auf ein wichtiges Bedürfnis der Zielgruppe eingegangen, die sich bei Dienstleistungen nicht nur über die Leistungen informieren möchte, sondern auch ein Bild von den Leistungserbringern aufbauen will. Im Zentrum des Web-Mix steht natürlich die Firmenhomepage. Dort wird das Unternehmen präsentiert, seine Leistungen werden auf eine einfache und nachvollziehbare Weise dargestellt, die Mitarbeiter – speziell die Leistungserbringer – werden vorgestellt. Sehr prominent wird auf der Homepage zur persönlichen Kontaktaufnahme mit den Mitarbeitern eingeladen, via E-Mail, Telefon oder über ein Soziales Netzwerk. Zusätzlich enthält die Website einen Downloadbereich, auf dem eine Reihe von Fachartikeln aus der Informationstechnologie angeboten wird. Diese Fachbeiträge stammen von den Mitarbeitern des Unternehmens und behandeln Spezialthemen, die für die Zielgruppe hohe Relevanz haben. Da in den Fachartikeln bestimmte Schlüsselbegriffe (Keywords) verwendet werden, werden diese von der Zielgruppe auch in Suchmaschinen gefunden, was der Homepage laufend neue Besucher beschert. Von Zeit zu Zeit werden bei Suchmaschinen auch Adwords gebucht, die weitere Besucher auf die Homepage führen. Die Fachbeiträge werden noch an einer weiteren Stelle genützt, nämlich einer externen Competence Site. Auch dort haben alle Mitarbeiter des Unternehmens Profile angelegt und die von Ihnen verfassten Fachartikel werden zum Download angeboten. Die Mitarbeiter sind aber auch an einigen anderen Stellen im Web aktiv: Zwei Mitarbeiter nehmen regelmäßig an der Diskussion in einem externen Forum teil, das sich mit ausgewählten Sicherheitsaspekten in der Informationstechnologie beschäftigt. Ein weiterer Mitarbeiter schreibt regelmäßig an einem Blog, in dem er laufend über seine Erfahrungen mit einer speziellen Technologie berichtet. Und alle Mitarbeiter haben in einem Sozialen Netzwerk ihre Profile, pflegen dort bestehende Geschäftskontakte und erweitern laufend ihr persönliches Netzwerk. Neuigkeiten aus dem Unternehmen, Informationen über neu verfügbare Fachbeiträge und Berichte über besonders interessante Projekte werden in Form von Pressemitteilungen auf Online-PR-Portalen veröffentlicht. Genauso werden Online-Fachmedien genützt, um immer wieder mit Beiträgen der eigenen Mitarbeiter vertreten zu sein.

Wie unschwer zu erkennen ist, zeigt sich an diesem Beispiel die Eingangs erwähnte Notwendigkeit, Internetmarketing als kontinuierlichen Prozess zu verstehen. Es sind laufende Aktivitäten notwendig, sei es die Erstellung der Fachartikel, die Pflege der Profile und Kontakte in dem Sozialen Netzwerk oder die Teilnahme an dem Forum. Dafür gelingt es dem Unternehmen aber auch, mit seinem Web-Mix gleich mehrere Funktionen abzudecken: Das Unternehmen und seine Leistungen sind für die Zielgruppe gut auffindbar. Die Mitarbeiter, also die Leistungserbringer, werden bei einer Namenssuche in Suchmaschinen gefunden und als aktive Personen sichtbar. Und nicht zuletzt sorgt dieser Web-Mix dafür, dass das Unternehmen einen laufenden Zuwachs an neuen interessanten Geschäftskontakten hat.

Die Homepage als zentrales Instrument

Ihre Firmenhomepage wird ohne Zweifel in den meisten Fällen das zentrale Instrument Ihres Web-Mix sein. Die Chancen stehen sehr gut, dass Sie für die Gestaltung und Realisierung Ihrer Website den einen oder anderen Webprofi heranziehen werden. Dabei werden

Sie wahrscheinlich sehr bald mit dem Konzept der Usability konfrontiert werden. Mit Usability ist gemeint, dass es Besuchern Ihrer Website leicht gemacht werden soll, sich zu orientieren und die gewünschten Informationen aufzufinden. Usability wird von vielen Faktoren beeinflusst, allen voran natürlich Navigation und Layout. In Ihren Gesprächen mit Webprofis werden Sie feststellen, dass diese das Thema Usability sehr hoch halten. Natürlich hat das zum Teil seine Berechtigung – die leichte Nutzbarkeit Ihrer Homepage ist auf jeden Fall wichtig. Der starke Fokus von Webagenturen auf Usability hat aber noch einen anderen Grund: Viele Webagenturen haben eher wenig Know-how im (Dienstleistungs-)Marketing, sie konzentrieren sich auf ihre Kernthemen, wie eben Usability. Wichtig ist, dass Sie sich davon nicht irritieren lassen und die Kirche im Dorf lassen. Die Benutzerfreundlichkeit Ihrer Firmenhomepage darf zweifellos nicht außer Acht gelassen werden, sie entscheidet aber keineswegs darüber, wie gut Ihre Homepage als Bestandteil Ihres Internetmarketing funktioniert. Für Sie als Dienstleistungsanbieter haben andere Kriterien eine viel größere Bedeutung. Daraus folgt eine sehr wichtige Konsequenz: Sie müssen sich unbedingt selbst Gedanken über die Gestaltung Ihrer Homepage machen und den Webprofis die entsprechenden Eckpunkte vorgeben. Sonst bekommen Sie möglicherweise eine sehr benutzerfreundliche Website, mit der sie aber trotzdem nichts verkaufen.

Grundanforderungen an die Firmenhomepage

- Spiegeln der Zielgruppe
- Leistungen darstellen
- Unternehmen darstellen
- Leistungserbringer sichtbar machen
- Mehrwertinformationen anbieten
- Referenzen anführen

Abbildung 35: Basiskriterien für alle Dienstleistungsanbieter

Betrachten wir als Erstes die Grundsätze, die für die Homepages aller Dienstleistungsanbieter gelten, egal ob Sie Ingenieurdienstleistungen, Restaurationsarbeiten, Reinigungsservices oder irgendeine beliebige andere Dienstleistung anbieten. Wie Abbildung 35 zeigt, sollten Sie sicherstellen, dass Ihre Zielgruppe sich auf Ihrer Website wiederfindet. Oft auch als „Spiegeln der Zielgruppe" bezeichnet, ist darunter zu verstehen, dass Sie gleich auf der Startseite Ihrer Homepage Themen ansprechen, die Ihre Zielgruppe kennt und die sie als relevant einstuft. Sie erzielen damit bei Ihren Besuchern den Eindruck, dass sie auf Ihrer Homepage an der richtigen Adresse sind. Wie gut Sie Ihre Zielgruppe auf der Startseite Ihrer Homepage ansprechen entscheidet darüber, ob Besucher auf Ihren Seiten verweilen oder ob sie Ihre Homepage gleich wieder verlassen. Weiters ist es natürlich notwendig, dass Sie Besuchern gut verständliche Informationen über Ihre Leistungen und über Ihr Unternehmen anbieten. In welcher Art Sie Ihre speziellen Dienstleistungen am Besten beschreiben, darauf kommen wir später noch im Detail zurück. Wie bereits mehrfach betont, ist es für Sie als Dienstleistungsanbieter auch wichtig, dass auf der Homepage Ihre Leistungserbringer sichtbar werden. Fotos und Informationen zur Person bis hin zu detaillierten Skillprofilen geben potenziellen Kunden einen ersten Eindruck, wer im Fall einer Zusammenarbeit die Leistung erbringen wird. Darüber hinaus ist es günstig, wenn Sie auf Ihrer Homepage so genannte Mehrwertinformationen anbieten. Dazu gehören alle Informationen, die Ihren Besuchern einen echten Mehrwert bieten, wie zum Beispiel Fachbeiträge, Orientierungshilfen, Checklisten, Erfahrungsberichte, Ratgeber, Anleitungen usw. Diese müssen nicht unbedingt Textform haben, auch Videos oder animierte Präsentationen sind dafür gut geeignet. Diese Mehrwertinformationen führen dazu, dass Besucher Ihre Homepage als nützlich einstufen, sie weiter empfehlen und auch selbst wiederkehren.

Wie Sie Ihre Homepage über diese Grundanforderungen hinaus gestalten, hängt von einem Faktor ab, den Sie bereits kennengelernt haben, nämlich dem Individualisierungsgrad Ihrer Dienstleistungen. Wenn Sie Standarddienstleistungen anbieten, so bedeutet das, dass Sie Ihre Leistungen auf Ihrer Homepage sowohl bewerben als auch verkaufen können. Wie die Abbildung 36 zeigt, kommt es dann ganz besonders darauf an, dass Sie Ihre Leistungen sehr konkret und gut vorstellbar darstellen. Weiters ist es natürlich notwendig, dass es Besuchern leicht gemacht wird, für sie interessante Leistungen zu bestellen. Wenn Sie dagegen stark individualisierte Leistungen anbieten, macht es zwar ebenfalls Sinn, Ihre Leistungen auf Ihrer Homepage vorzustellen, es sollte aber rasch zu einem persönlichen Dialog in der realen Welt übergeleitet werden. Für Individualdienstleistungen ist es nützlich, wenn Sie Ihren Besuchern primär einen Eindruck davon geben, für welchen Bedarf Ihre Dienstleistungen geeignet sind. Das gelingt oft am besten, wenn Sie die Kompetenzfelder Ihres Unternehmens über konkrete Anwendungsbeispiele aufzeigen. Und natürlich ist es für individualisierte Dienstleistungen ganz besonders wichtig, dass Sie es Interessenten leicht machen, mit Ihnen in persönlichen Kontakt zu treten. Für weitere Beispiele und Hinweise zu den unterschiedlichen Vorgangsweisen für Standard- und Individualdienstleistungen blättern Sie bitte zurück zum Abschnitt „Die richtige Internetstrategie".

Schließlich gibt es noch einen weiteren Faktor, der die inhaltliche Gestaltung Ihrer Homepage betrifft. Er liefert Ihnen den entscheidenden Hinweis, in welcher Form Sie Ihre Leistungen am besten beschreiben. Es handelt sich bei diesem Faktor um den Immaterialitätsgrad Ihrer Dienstleistungen – er sagt aus, ob Ihre Dienstleistungen ein gegenständliches Ergebnis erzeugen oder nicht. Der Einfluss des Immaterialitätsgrades auf die Beschreibung Ihrer Leistungen ist in der Abbildung 37 dargestellt. So führen zum Beispiel die Leistungen eines Tapezierers zu einem gegenständliches Ergebnis, nämlich neu gestalteten Räumlichkeiten. Ihr Immaterialitätsgrad ist demzufolge niedrig. Für solche Leistungen macht es Sinn, die Dienstleistungen über die erzielten Ergebnisse in Form von Beispielen und Mustern auf der Homepage darzustellen. Ganz anders zum Beispiel die Leistungen einer Schulungsfirma. Schulungen haben einen hohen Immaterialitätsgrad, und in diesen Fällen ist es sinnvoller, die Leistungen auf der Homepage über die Prozesse, also die Abläufe während der Leistungserbringung, zu beschreiben.

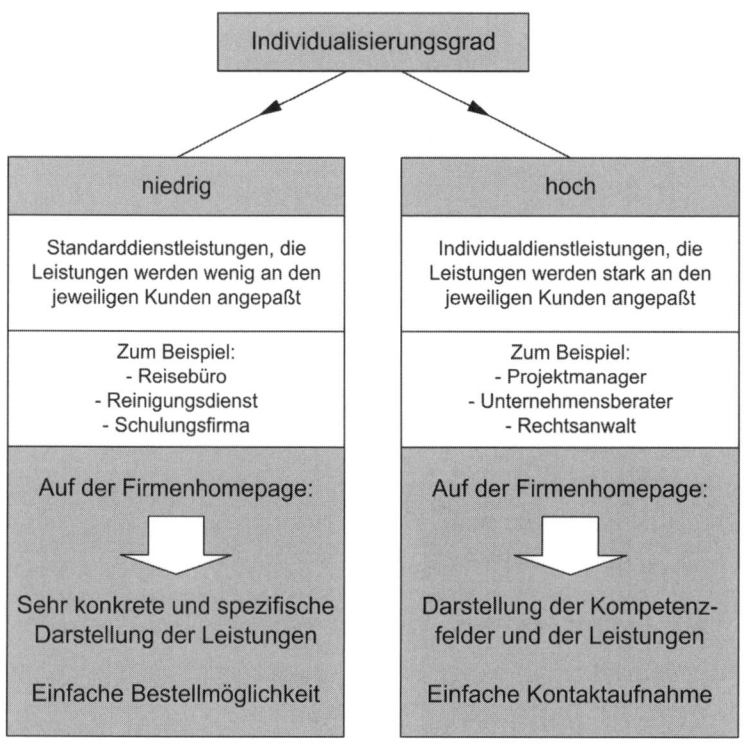

Abbildung 36: Einfluss des Individualisierungsgrades auf die Homepage

Bei der Erstellung Ihrer Firmenhomepage sollten Sie auch das Thema Suchmaschinenoptimierung einbeziehen. Darunter ist zu verstehen, dass Ihre Homepage bestimmte technische und inhaltliche Randbedingungen erfüllen muss, um von Suchmaschinen möglichst gut gefunden und bewertet zu werden. Das einfachste Mittel dazu besteht darin, in Überschriften und Seitentiteln ganz gezielt bestimmte Suchbegriffe zu verwenden. Professionelle SEO (Search Engine Optimization) setzt tiefgehendes Know-how voraus und geht darüber natürlich weit hinaus. In diesem Punkt sollten Sie unbedingt den Rat von Webprofis hinzuziehen. Ähnliches gilt für die Auswertung der Zugriffe auf Ihre Firmenhomepage. Dafür gibt es eine Reihe von möglichen Quellen, die einfachste davon sind die

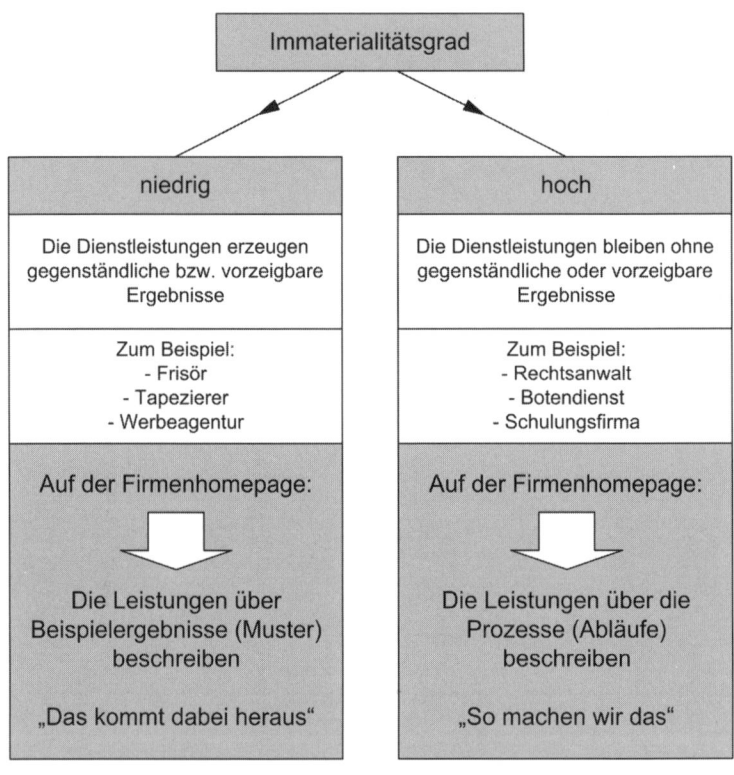

Abbildung 37: Einfluss des Immaterialitätsgrades auf die Homepage

Zugriffsstatistiken, die Ihnen meistens von Ihrem Internetprovider zur Verfügung gestellt werden. Auch hier sollten Sie den Rat von Webprofis einholen, wie die einzelnen Daten zu interpretieren sind und welche Schlüsse sich daraus über das Verhalten Ihrer Besucher ziehen lassen. Denn auch Ihre Firmenhomepage ist, so wie alle Instrumente Ihres Web-Mix, ein dynamisches Kommunikationsmittel, das Sie immer wieder analysieren, beurteilen, modifizieren und weiterentwickeln sollten.

Zusammenarbeit mit Webprofis

Wie mittlerweile klar sein sollte, bietet das Internet eine Vielzahl von Möglichkeiten, den Absatz Ihrer Dienstleistungen zu fördern. Die große Herausforderung besteht darin, die richtigen Instrumente auszuwählen und zu einem Web-Mix zusammenzustellen, mit dem Sie Ihre Zielgruppe tatsächlich erreichen und ein Stück näher an Ihr Unternehmen heranführen.

Internetmarketing hält aber noch eine weitere Herausforderung bereit, vor allem was die praktische Umsetzung betrifft. Sie besteht darin, dass Sie Internetmarketing weder im Alleingang betreiben noch vollständig delegieren können. Wenn Sie nicht gerade selbst ein Webprofi sind, dann werden Sie in der einen oder anderen Form die Unterstützung von Professionalisten brauchen. Das bedeutet aber nicht, dass Sie Ihr Internetmarketing komplett an diese Professionalisten delegieren können. Also, einerseits werden Sie Webprofis brauchen und andererseits können diese Ihnen nicht die ganze Arbeit abnehmen. Webprofis werden Ihnen zwar viel weiterhelfen können, sie können Sie aber nicht von der Aufgabe befreien, selbst Inhalte zu erarbeiten, in Sozialen Netzwerken sichtbar und aktiv zu sein oder die Dialoginstrumente Ihres Web-Mix tatsächlich einzusetzen. Die Praxis zeigt immer wieder – wenn Vorhaben im Internetmarketing scheitern, dann liegt das in den meisten Fällen daran, dass dieser einfache Umstand nicht beherzigt wurde. Es ist also für Ihr Internetmarketing von zentraler Bedeutung, dass Sie in der Zusammenarbeit mit Webprofis vom Start weg für klare Verhältnisse sorgen und sich auch Ihrer eigenen Verpflichtungen bewusst sind. Lassen Sie sich keine Lösungen aufschwatzen, die in der laufenden Anwendung einen viel zu großen Arbeitsaufwand für Sie bedeuten würden. Bedenken Sie aber auch, dass Sie für jede Form von Internetmarketing eigenen Einsatz leisten müssen. Mit dem bloßen Bereitstellen von Informationen für Ihre Webagentur ist es dabei meistens nicht getan. Um es positiv zu formulieren: Ein bestimmter Web-Mix ist nur dann für Sie und Ihr Unternehmen sinnvoll, wenn Sie sich genau darüber im Klaren sind, welchen Aufwand der Einsatz der gewählten Instrumente für Sie und Ihre

Mitarbeiter bedeutet und wenn Sie auch in der Lage sind, diesen Aufwand im täglichen Arbeitsgeschehen zu leisten.

In der Zusammenarbeit mit Webprofis sollten Sie noch einer weiteren Grundregel folgen: Je klarer Sie wissen was Sie wollen, umso besser stehen Ihre Chancen, dass Sie es auch bekommen. Viel zu viele Projekte im Internetmarketing beginnen damit, dass der Auftraggeber sich wünscht, eine „bessere Homepage" zu haben oder „im Internet verstärkt sichtbar" zu werden. Besser im Vergleich womit? Zu welchem Zweck? Verstärkt sichtbar für wen und wodurch? Als Briefing für eine Webagentur sind solche Vorgaben extrem dürftig, denn sie laden geradezu zum Gedankenlesen ein. Im besten Fall wird die Webagentur einen solchen Auftraggeber so gut wie es ihr möglich ist beraten, im ungünstigsten Fall wird sie ihm einfach irgendeine Lösung realisieren, die sie für richtig hält. Erschwerend kommt dazu, dass Sie von Ihrer Webagentur nicht erwarten können, dass sie auch im Dienstleistungsmarketing spezielles Know-how hat. Sie wird Sie daher eher in Umsetzungsfragen als mit inhaltlichen Ansätzen zu Ihrer speziellen Dienstleistung beraten können. Wenn sich Ihre aktuellen Vorstellungen zu Ihrem zukünftigen Internetmarketing also auf einer noch unspezifischen Ebene bewegen, dann sollten Sie sofort ein, zwei Schritte zurück machen. Lesen Sie dann entweder dieses Kapitel ganz vom Beginn an oder führen Sie ein paar allgemeine Beratungsgespräche mit einem Experten für Dienstleistungsmarketing. Oder, noch besser, Sie machen beides. Auf diese Weise sollten Sie in die Lage kommen, eine realistische Vorstellung zu entwickeln, welchen Web-Mix Sie für Ihr Unternehmen einsetzen können und wollen. Erst wenn Sie wirklich wissen, wie Sie Ihr Internetmarketing inhaltlich gestalten möchten, also welche Instrumente Sie in Ihrem Web-Mix verwenden möchten, was diese bewirken sollen und welchen Aufwand Sie dafür leisten möchten, können Sie an die konkrete Umsetzung denken. Erst zu diesem Zeitpunkt macht es Sinn, bei Webprofis konkrete Angebote einzuholen.

Die goldene Grundregel für Ihr Internetmarketing und für Ihre Zusammenarbeit mit Webprofis lautet also: Geben Sie niemals die Verantwortung für Ihren Web-Mix aus der Hand. Informieren Sie sich, lassen Sie sich beraten, holen Sie Ideen ein, wägen Sie Angebote zur Umsetzung gegeneinander ab, aber treffen Sie selbst die Entscheidung, welche Instrumente Sie in Ihrem Internetmarketing einsetzen. Natürlich setzt das voraus, dass Sie selbst einiges an Web Know-how aufbauen, dass Sie sich intensiv mit Ihrer Zielgruppe und mit Ihrem eigenen Dienstleistungsangebot auseinandersetzen und dass Sie laufend Zeit und Energie in die Umsetzung investieren. Es ist aber die beste Garantie dafür, dass Sie mit Ihrem Internetmarketing wirkliche Ergebnisse erzielen: Kunden finden, gewinnen und binden.

Weiterführende Informationen

Der Autor dieses Buches unterhält rund um die Vermarktung von Produkten und Dienstleistungen die Websites www.matys.at und www.subcom.at.

Unter diesen Webadressen sind weiterführende und aktuelle Informationen zu Marketingthemen zu finden. Sie erhalten dort im Rahmen von kostenlosen PDF-Downloads Hinweise zu speziellen Ausbildungen, aktuelle Leselisten, Unterstützung beim Einstieg in die Produkt- und Dienstleistungsvermarktung sowie Internet-Links zu weiteren Ressourcen.

Erwin Matys lebt und arbeitet als Berater in Wien. Informationen zu seinen Arbeitsbereichen – wie die Erstellung von Marketingkonzepten, Coaching oder die Durchführung von Fitness-Checks für Dienstleistungsprodukte – finden Sie ebenfalls auf den genannten Websites.

Feedback zum vorliegenden Titel „Dienstleistungsmarketing" ist unter erwin@matys.at stets willkommen.